電動車全功略

曾逸敦 —————— 著

晨星出版

Contents 目錄

CHAPTER 04

電動車的世界產業地圖：四強　　061

CHAPTER 05

電動車革命　　　　　　　　　　089

Contents

CHAPTER 06

電動車新創事業 ································· **147**

CHAPTER
07

2030 年電動車的市場預測 ················· **163**

自序

大約在十年前，雖然如願在中山大學機械系升上教授，但好像也失去了生活重心。為了重新找到對生活的熱情與活力，決定投入古董車的世界，於是買下了我人生第一台保時捷 911（1992 年的964）。之後便陸續經歷了：剛購買車子的喜悅、隨之而來車子出問題的煩惱、找到正確的原因及零件（通常都需要好幾次的車友討論）、上網搜尋資料並向保養廠技師請教、最後耐心地等待問題解決後的成就感。

隨著收藏／割愛 964、993、930 循環次數的增加，也不斷地累積我對車子的基本知識。許多大學生也來找我進行車子相關的專題研究，我於是成立了部落格及臉書粉絲團，部落格名為：曾教授與古董保時捷 /eatontseng.pixnet.net/，把一些比較實用的成果放在網路上與大家分享。而臉書粉絲團則名為：曾教授的汽車世界，除了轉載部分部落格文章外，也會不定期地分享各類型的汽車資訊及知識。近年來，我也開始在學校裡面開授「汽車學」（針對機械系學生的專業課程）及「汽車發展史」（針對一般學生的通識課程）等課。

完成了我的第 1 本科普書《保時捷 911 傳奇》後，我對車的興趣也延伸到了義大利車。隨著我購買維修法拉利的 355 以及愛快羅密歐的 145，期間也非常感謝洝瑁保養廠鄂鴻逸老闆與我交流許多車輛基本原理。我的第 2 本科普書《義大利超跑傳奇》介紹義大利的 5 大車廠：包山包海及以小車聞名的飛雅特、執著於跑車精神的愛快羅密歐、超級豪華跑車始祖瑪莎拉蒂、超跑代表法拉利及絕美的藍寶堅尼。

—— 曾逸敦

CHAPTER 01

什麼是「電動車」？

1.1 基本介紹

電動車是近十年來最熱門的話題，到底怎麼定義一台車子是電動車呢？簡單來說，以電池為儲能提供動力來源並由馬達驅動之車輛稱為電動車，零件主要分為電池、控制模組、馬達三大類統稱為三電，現階段驅動馬達及電控模組相關技術成熟，電池方面則以鋰電池為代表是最重要的零件之一，電動車近年發展如此快速主要歸功於電池的進步和半導體的發展密不可分，也因為近年來油源逐漸枯竭、造成油價高漲，加上全球對節能減碳問題日趨重視等，造就了各大廠對於電動車的開發和投入。

電動車的充電是利用外部電源，將電力能源經由充電器儲存於二次電池組中，需使用電動車時，經由驅動控制器控制馬達輸出轉速或轉矩、減速傳動機構，使輪胎接受馬達驅動而與地面產生相對運動，根據各車廠所推出的 HEV 在電池與汽油兩個動力來源的搭配亦有所不同。

在馬達方面，分為感應馬達（AC Induction）及同步馬達（AC Synchronous）二種，感應馬達的成本較低，轉速區大，控制較為簡單，同步馬達啟動扭力大、傳動效率高，但成本較高，多用於油電混合車的動力輔助。一般而言，日系車廠偏好永磁馬達（Permanent Magnet synchronous; PM），美系車廠則偏好感應馬達，從馬達各種性能來看，永磁馬達的整體效率最高，但若以時速來看，則是感應馬達效率最高。

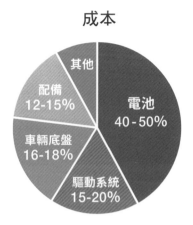

圖1.1.1　電動車成本圖

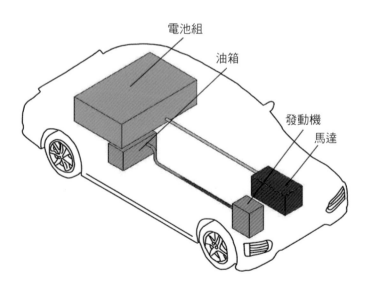

圖1.1.2　電動車結構位置圖

1.2 電動車的分級

　　由汽車工程師學會（SAE Society of Automotive Engineers）定義，從安全示警、輔助駕駛，最後到由車輛完全自主自動化駕駛。目前汽車工程師學會採用 J3016 標準（J3016 Levels of Automated Driving）在 2014 年定義了駕駛自動化的等級，分類的標準是根據不同程度的駕駛輔助程度來分級，從 Level 0 到 Level 5 總共分成 6 級，這些級別適用於在任何車輛在道路的操作所涉及的駕駛自動化功能，這也是至今為止最多人用的分類標準。

		轉向和加、減速	駕駛環境監測	當自動化失敗時回退	自動化系統在控制時
0 級	沒有自動駕駛	人為駕駛	人為駕駛	人為駕駛	無
1 級	自動駕駛輔助	人為駕駛／自動駕駛	人為駕駛	人為駕駛	一部分駕駛模式
2 級	部分自動駕駛	自動駕駛	人為駕駛	人為駕駛	一部分駕駛模式
3 級	附條件的自動駕駛	自動駕駛	自動駕駛	人為駕駛	一部分駕駛模式
4 級	高度自動化	自動駕駛	自動駕駛	自動駕駛	一部分駕駛模式
5 級	全自動	自動駕駛	自動駕駛	自動駕駛	自動駕駛

圖 1.2.1　自動化分級

　　電動車充電分為三個級別：Level 1、Level 2 和 Level 3，Level 3 分為直流快速充電和超級充電。充電等級愈高，充電過程愈快，因為更多的電力輸送到車輛，特別要注意的是，不同的電動汽車在各個級別上有不同的速度充電。

　　電動車實際上還細分很多種類，接下來的章節會介紹油電混合

車、插電式油電混合車、純電動車、燃料電池電動車四種車型，這四種是現今電動車最具有發展潛力的種類，其中油電混合車雖然是現今市場的主流，但隨著電池的進步、充電站的增加、加氫站的建設等發展，插電式油電混合車、電動車和燃料電池電動車將會成為未來的主流電動車款。

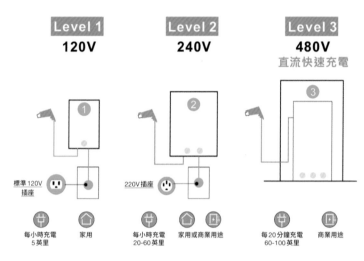

圖1.2.2 充電分級

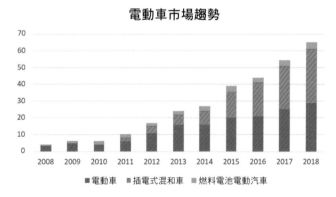

圖1.2.3 電動車市場趨勢

（圖片來源：https://www.statista.com/chart/electric-vehicle-models）

1.3 混合車（HEV、PHEV）

　　油電混合車簡稱 HEV（Hybrid Electric Vehicle），當今的油電混合電動車由內燃機和一個或多個電動機提供動力，電動機使用存儲在電池中的能量並且提供的額外動力可以允許使用更小的內燃機，電池還可以為輔助負載供電並減少發動機怠速，這些功能可在不犧牲性的情況下提高燃油經濟性，油電混合車無法插入外接電源為電池充電，但能通過再生製動為電池充電。

　　插電式混合車簡稱為 PHEV（Plug-in Hybrid Electric Vehicles），使用電池為電動機提供動力，並使用另一種燃料（例如汽油或柴油）為內燃機或其他部位提供動力。插電式混合車使用電力來運行的車輛相對於傳統車輛可降低操作成本和燃料使用，但油耗是一個大問題，因為插電式混合車有一定比例同時使用電力和傳統燃料進行推進，有很大程度上取決於車輛用戶的駕駛和充電模式以及關於車輛特性，可以通過外部充電設備為電池充電，電池體積較大相對的電量儲存更多能夠支持長時間純電行駛，但車重較重，若電量耗盡後純粹依靠發動機行駛反而會增加車輛油耗，故需要有固定的充電設施。

　　混合動力汽車市場面臨的挑戰是高成本。電池增加了車輛的成本，使其比柴油和汽油動力車輛更昂貴。價格差異是由於電池和再生製動等零件的價格。然而，在過去幾年裡，電池的成本已經顯著下降，電池製造商正在採取主動研發操作以降低電池成本，目前電動汽車充電基礎設施的改進導致電力部門利益相關者增加對汽車公

用事業和充電硬件的投資，豐田汽車、日產汽車有限公司、本田汽車、起亞汽車、比亞迪是在油電混合車市場運營的主要公司。2018年混合動力汽車市場總量為416.9萬輛，預計2018年至2025年複合年成長率為8.94％，在2021年達到550萬輛，預計到2025年將達到759.3萬輛。IMARC集團預計到2027年市場將達到3120萬輛，2022～2027年的複合年成長率為31.9％。2021年插電混合式電動車銷售總量達約182萬輛，銷售數量第一的是比亞迪，該公司創下2021年銷售27.3萬輛的成績，市占達15％，在歐盟強力推動電動化下，預期幾個領導國家如德國、法國的新能源車新車滲透率將在2022年來到20～25％。在全球節能減碳方向不變、車廠產品線比重向電動車移轉下，預估2022年新能源車總量將突破1,000萬輛。

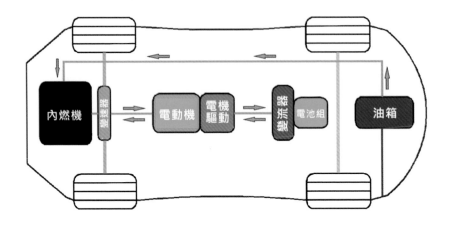

圖1.3.1　油電混合車結構圖

生產車輛	生產年分
Mercedes C300	2021
Skoda Octavia iV	2021
BMW X5 45e	2021
Mercedes E300	2021
BMW 330e	2021
Kia Niro	2022

表1.3.1　HEV 車輛列表

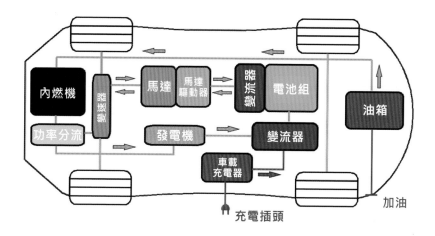

圖1.3.2　插電式混合車結構圖

生產車輛	生產年分
Ford Escape	
Hyundai Ioniq	
Jeep Wrangler 4xe	
Mini Cooper Countryman	
Hyundai Santa Fe	2022
Chrysler Pacifica	

表1.3.2　PHEV車輛列表

1.4 純電動車（BEV）

電動車簡稱 BEV（Battery Electric Vehicle），純電動車是一種電池電動汽車，由一個電池組和一個或多個電動機的組合組成，使用充電的電池組來存儲電能，電池組和電動機取代了傳統的內燃機、變速箱和油箱，沒有內燃機就無有害的氣體排放。純電動車最重要的是讓電池組本身易於拆卸和更換，這能透過電池更換站讓消費者便於租用電池或更換電池來擴大行駛里程，完成電池組更換的整個操作只需幾分鐘。雖然管理起來有些複雜，但這種類型的服務有助於減少純電動車續航里程有限和充電時間長的關鍵問題。

隨著全球範圍內的政府的嚴格法規，關於使用節能汽車的排放增加和推廣節能汽車方面的干預不斷增加，預計對零排放汽車的需求將增加，導致電動車的銷量增加。此外，世界各地的高油價，燃油汽車市場多年來急劇上升，有限的燃料供應導致汽油和柴油價格上漲，這進一步促使客戶從內燃機汽車轉向純電池驅動汽車。

2021 年全球電動汽車銷量達到 675 萬輛，比 2020 年成長 108％。這一銷量包括乘用車、輕型卡車和輕型商用車。純電動汽車在全球輕型汽車銷量中的全球份額為 8.3％，而 2020 年為 4.2％。電動車占電動汽車總銷量的 71％。與 2020 年的危機年相比，全球汽車市場僅成長了 4.7％。作為打響近年來純電動車時代的龍頭特斯拉（Tesla），於 2016 年，特斯拉完成了 The Secret Master Plan，並推出了 Model 3，這是一款價格低廉且大批量生產的純電動車，同時 Model 3 配備了完整的自動駕駛及輔助駕駛功能，如 Autopilot

自動輔助駕駛功能及主動安全防護功能等，也因平民的價格及車輛功能的完整讓 Model 3 成為歷史上最暢銷的電動汽車，並於2021年6月成為第一款銷量突破100萬輛里程碑的純電動車。

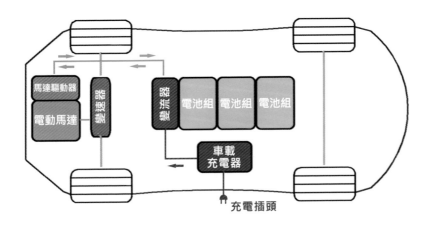

圖1.4.1　電動車結構圖

Model 3	標準版	長程四驅版	性能版
續航里程	386km	619km	586km
電池容量	60kWh	75kWh	75kWh
最大馬力	238hp	351hp	462hp
最大扭力	38.2kgm	53.7kgm	65.2kgm
0～100km/h	5.6s	4.4s	3.3s
極速	225km/h	233km/h	261km/h
車身尺寸 （長x寬x高）	4694mm x 1850mm x 1443mm		
車重	1611kg	1830kg	1836kg
售價	156萬	197萬	222萬

表1.4.1　Model 3 性能比較圖

生產車輛	生產年分
Hyundai Ioniq Electric	2016
Jaguar I-Pace	2018
Porsche Taycan	2019
Volvo XC40	2020
Mercedes-Benz EQC	2021
Toyota Proace Electric	2021
Ford E-Transit	2021
Audi e-tron	2021
BMW i7	2022

表1.4.2　BEV車輛列表

1.5 燃料電池電動汽車（FCEV）

　　燃料電池電動車簡稱FCEV（Fuel Cell Electric Vehicle）由氫驅動，燃料電池電動汽車使用燃料電池系統將氫轉化為燃料來發電。比傳統的內燃機汽車效率更高，並且不會產生尾氣排放，只會排放水蒸氣和無害的空氣。燃料電池電動車使用類似於電動汽車的推進系統，其中以氫氣形式存儲的能量通過燃料電池轉化為電能。與傳統的內燃機車輛不同。燃料電池電動車使用儲存在車輛儲罐中的純氫氣作為燃料氫和氧結合形成水，用於冷卻燃料電池堆且激發所有這些原子，使它們釋放電子，從而使物質升溫。大部分水變成蒸汽，少量的水和水蒸氣是唯一的排放物。與傳統的內燃機汽車類似，可以在不到4分鐘的時間內完成燃料補充繼續行駛，並且行駛里程可達到300英里並配備了其他先進技術來提高效率，例如再生製動系統，它可以捕獲制動過程中損失的能量並將其存儲在電池中。氫很少以純粹的形式存在，美國使用的大多數氫氣是透過分解天然氣生產的，這一過程需要大量電力並產生大量溫室氣體。

　　雖然燃料電池電動車尚未商業化，原因主要是缺少氫的基礎設施和燃料電池傳動系統的高成本，燃料電池電動車的成熟已經在多個乘用車和客車的項目中得到驗證並成功行駛數百萬公里，車輛的可靠性和可用性都足以實現商業化。但是，仍然需要一些技術進步：例如，增加系統的使用壽命和一個更具挑戰性的問題是降低傳動系統的成本。至2021年底，全球共有685座加氫站投入運營，分布在33個國家，此外，2022年全球範圍內新增252座加氫站的計

畫已經初步確認，亞洲共有加氫站363座投運，集中在中國、日本、韓國三國，其中日本159座、韓國95座、中國105座，歐洲共有228座加氫站投運，其中101座在德國，法國有41座。

本田（Honda）推出的FCX Clarity燃料車在2008年僅作為氫燃料電池電動車使用，也是第一款零售客戶使用的氫燃料電池汽車，但當時FCX Clarity僅在美國及南加州能買，因為只有那裡有加氫站，2014年11月本田在日本推出了Clarity燃料電池概念車，Clarity燃料電池的續航力約為589公里，且在美國國家環境保護局（Environmental Protection Agency）檢驗零排放車輛中行駛里程等級最高，直到現在，美國國家環境保護局在評定的所有氫燃料電池汽車中，Clarity的綜合性燃油和經濟性評級也最高在燃油經濟性為109公里／升，相比於之前的FCX Clarity，功率密度提高了60％，但燃料電池的尺寸卻縮小了1/3體積。

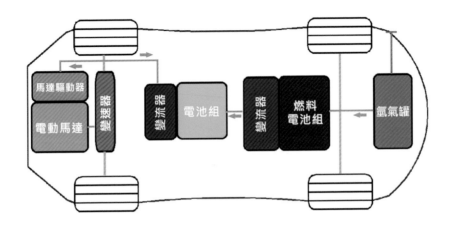

圖1.5.1 燃料電池結構圖

車輛	年分
Honda FCX Clarity	2008 - 2015
Hyundai ix35	2013 - 2017
Toyota Mirai	2015 - 2020
Honda Clarity	2016 - 2021
Hyundai Nexo	2018
Toyota Mirai II	2020

表1.5.1 FCEV車輛列表

CHAPTER 02

人類可以
擺脫汽油嗎？

2.1 汽車產業百年來的轉變

　　第一輛被發明的車既不是燃油車，也不是電動車，而是在 1802 年由英國人理查・特里維西克（Richard Trevithick）所製造的蒸氣機，以蒸氣為動力，煤為燃料來推動的車。

　　雖然現在在路上行駛的車大部分是燃油車，但其實電動車比燃油車早出現將近快 50 年，而第一輛電動車在 1834 年由蘇格蘭發明家羅伯特・安德森（Robert Anderson）在馬車上裝乾電池所製造的，乾電池又稱一次性電池，無法二次充電，後來才發明可重複充放電的鉛酸蓄電池與鋰電池等；第一輛燃油車在 1885 年由德國卡爾・弗里德里希・本茨（Karl Friedrich Benz）設計單缸內燃機所製造的三輪車，也因此成為賓士汽車創始人。

　　第一輛時速破百的車也是電動車，在 1899 年由比利時賽車手卡米爾・耶納齊（Camille Jenatzy）所駕駛的 La Jamais Contente（意為：永不滿足）。電動車的前景如此美好，但很不幸的是作為燃油車燃料的石油被大量開採、電動車成本過高還有續航力不夠，再加上美國亨利・福特推出的福特 T 型車，以大量標準化的零件進行大規模流水生產線裝配，使得汽車價格大幅降低且走向多元化，因此電動車逐漸消聲匿跡，不再被人提起。

　　在 1971 年的阿波羅 15 號任務中，將史上第一輛車送上月球，而該車就是由電力驅動，由於過去大肆開採石油的關係，使得石油分別在 1973 年、1979 年和 1990 年出現三次危機，因此石油價格開始上漲，再加上大氣環境汙染嚴重，社會開始提倡環保意識，節能

環保的電動車因此又再度獲得關注，開始積極發明電動車，像是1972年寶馬（BMW）的純電動車「1602e」、1992年福特汽車使用鈉硫電池的Ecostar電動車、1997年日產汽車（Nissan）的prairie Joy電動汽車和2008年特斯拉汽車公司使用鋰電池的全電動跑車Tesla Roadster。

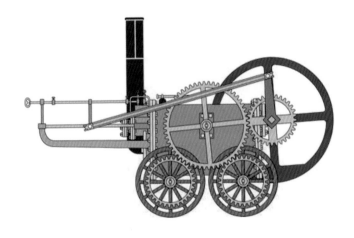

圖2.1.1　蒸汽機

2.2 電動車技術的進步

現今多數電動車使用鋰電池，但液體電解液有起火爆炸的安全風險，使得固態電池崛起，它發電效率的能量密度比鋰電池多2倍，續航力也延長2倍，安全性較好，被譽為新一代電池，包括豐田（Toyota）、福斯（Volkswagen）、現代（Hyundai）等車廠都已投入研發，預估5～10年內就會陸續量產問世。

在電動車上搭載的視覺AI技術，搭配車上裝設的4顆攝影鏡頭，讓車子能夠「看懂」路上的指示牌與物件。目前技術可做到約100公尺的停車移動距離，預計2022～2025年間，系統記憶的移動距離增加到1公里。

充電站的可及性是許多駕駛擔心的問題，目前有一款由以色列StoreDot公司開發的快速充電新型鋰電池，新電池要在5分鐘內充飽，需要更高功率的充電器，而StoreDot的目標是2025年用現有的充電基礎設施讓汽車在5分鐘內充約160公里。

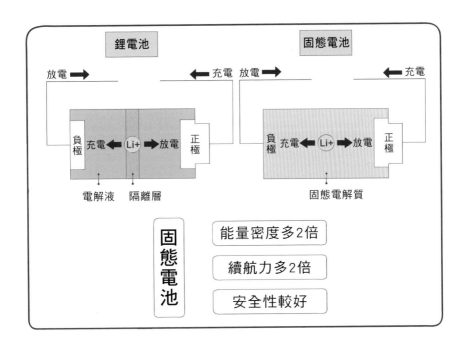

圖 2.2.1　鋰電池與固態電池

2.3 各國對電動車的福利

　　挪威汽車稅制是根據「汙染者付費原則」，對高排放汽車徵收高稅收，低排放汽車徵收低稅收，並將汙染性汽車稅收用於獎勵零排放汽車；另外，在充電基礎建設方面，挪威政府於2017年啟動一項計畫，資助所有主要道路上每50公里至少建立2個快速充電站。據調查，挪威的消費者大多願意以比家中電費高3倍的價格支付快速充電。

　　捷克政府在2017年9月簽署「未來汽車產業備忘錄（Memorandum on the Future of Automotive Industry）」，主要表示對電動車的支持，2016年通過的「潔淨運輸國家行動計畫（the Czech National Action Plan for Clean Mobility）」增加許多對使用電動車的獎勵措施，例如：稅務優惠（對商用純電動或複合動力車免除道路稅）、電動車專屬停車區域、電動車停車優惠、電動車專屬車道、補貼措施是針對購買純電、插電式電動車或其他替代燃料車輛的補助（預計400萬歐元將用於電動車）和支持充電站點的設置（在2023年前將有520萬歐元可用於興建）。

　　美國給予興建電動汽車充電站的預算高達75億美元，購買電動車將享有最高12500美元的稅額抵減，包含現行4000美元的基本扣抵額度及依照電池容量最高可折抵3500美元的額度。韓國針對購買電動車的消費者提供最多1.7萬美元的補貼，氫能汽車最高為3.3萬美元，但是，對於價格在8.1萬美元以上的電動汽車補貼為零；對於價格在5.4萬美元以上且不到9000萬韓元的電動汽車補貼

為50％。對於電動車充電基礎設施方面，將安裝123個或更多的超快速充電器；對於氫能車輛系統及充電站，預計在2025年前將安裝450座。韓國政府於2021年2月23日宣布了一系列與綠能汽車有關的計畫。根據計畫，韓國政府將在2023年完成基於自動駕駛機器人對停放的電動汽車自動充電的測試，並在2024年進行相關補貼。計畫共投資75億韓元（703萬美元），用於開發商用充電機器人。

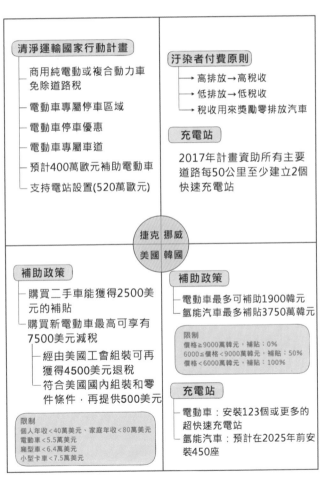

圖 2.3.1　各國電動車福利

2.4 各國對燃油車的政策

　　電動車演進的速度在這幾年突飛猛進，技術提升背後的原因是來自於各國發表禁售燃油車年限的壓力。像是加拿大、英國、德國、日本、南韓等國家禁售燃油車的年限為 2035 年；儘管全球汽車市場重鎮的美國為提出禁售燃油車時間表，在美國最大的汽車市場加州已表態在 2035 年禁售燃油車；目前北歐是電動車指標市場，因此像愛爾蘭、冰島、丹麥、瑞典等國家都將時間訂為 2030 年；但是第一個禁售燃油車的國家並不是對電動車接收度最高的北歐，而是位於中美洲的哥斯大黎加，在 2021 年就已經開始禁售燃油車款，不只沒有燃油車款，更朝向 100％綠能發電；加拿大也目標在 2050 年達成淨零排放。

　　在各國際出禁售燃油車款後，車廠也因應政策逐步發展電動車，並且也提出停產燃油車時程。富豪（Volvo）在 2019 年就開始不研發純油車，預計在 2030 年成為純電動車品牌；Audi 則是在 2026 年開始不再推出新款燃油車、2033 年全面停售燃油車，同集團的福斯（Volkswagen）則是 2035 年停止生產燃油車。美國最大的汽車品牌 Ford，也宣布在 2030 年要將非商用車全部電氣化。比起各大車廠紛紛訂出燃油車停產時程，豪華品牌銷售雙雄的賓士（Mercedes-Benz）還沒輕易鬆口，寶馬（BMW）提出的目標是在 2030 年達成銷售半數為電動車。

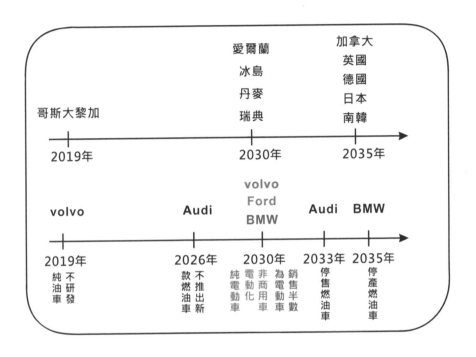

圖2.4.1　各國零燃油車計畫

2.5 人們對電動車的質疑

　　電動車的前途看似大好，但背後隱藏著三大隱憂。以下提出三個電動車目前所面臨的問題：

一、電動車售價偏高，成本壓不下來：電動車並不是拆掉引擎，變速箱再裝入馬達、電池就能完成的，還需要一套全新的車體與平台，經由全新設計、全新開發、全新生產廠房來創造全新系統，因此非常耗費資金。燃油車一開始也只有王公貴族有錢人負擔得起，是福特公司設計流水生產線才讓汽車大量化、平價化，經過百年，汽車才成為家家戶戶都具備的交通工具。但是電動車才剛起步，電動車獲利機制來不及建立，成本根本壓不下來，導致價格一直居高不下。

二、充電站發展困境：光是充電站就有許多問題出現。首先，充電站數量不足，除了特斯拉的超級充電站比較完善，其他廠牌的電動車要找到充電站其實很難，且各州充電站數量分布不均；再來，充電站投資成本高，但投資回收慢，充電樁等級愈高，建設費用也愈高，但利用率並不高，目前電動車在市場的比例仍然很低，因此多數充電站乏人問津；最後，充電站彼此獨立，無法幫其他品牌的電動車充電，同個地點需設立不同廠牌的充電樁，規格沒有統一，耗費更多資金。

三、電動車到底是真環保還是偽環保？常在新聞中看到不少電動車其實不環保的報導，例如：新加坡政府認為特斯拉（Tesla）並不能解決環保問題，大眾交通才是具體改善環境汙染及地球暖

化的方法。電池的製造過程與報廢回收更是不環保，目前，電動汽機車的電池主流材料為鋰，還添加了鈷、錳、鎳，這些有價值金屬回收難度高。

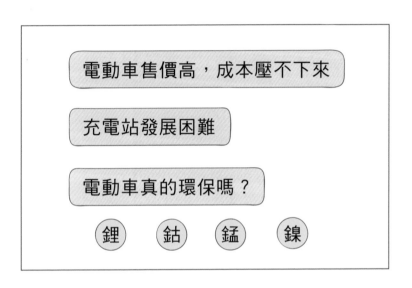

圖2.5.1 　大眾對電動車的質疑

CHAPTER 03

特斯拉的衝擊：
直流 vs 交流大戰

3.1 直流與交流大戰

　　現今，交流電與直流電被運用在各種地方，直流電比較容易理解，他是提供恆定方向的電流，好比一根管子裡的水只能由上往下流，如圖 3.1.2 所示，而交流電會週期性地改變電流的方向，就像一組水管中有活塞來回移動，導致水會有上下兩種流動方式。利用它們各自的特長，依照不同電器用品來提供不同的電流類型，但是在過去知識尚未普及的時候，交、直流電誰先被發明出來？又是如何廝殺？最後是誰脫穎而出呢？

　　我們都知道愛迪生改良了燈泡，而這燈泡所使用的就是直流電，為了讓人們都能使用燈泡，在 1880 年代更發明了直流電力系統，並將電力普及到百姓生活中，在普及直流電的過程中，愛迪生發現了直流電的一大缺點，這也是造就它被取代的原因，直流電在傳輸電力的過程中會損耗電能，因此傳到用戶家中僅剩的電力寥寥無幾。不過愛迪生提出每一公里就設立一個發電站就沒有問題了；而被稱作「交流電之父」的特斯拉，其實在最一開始，他是在愛迪生的公司工作，也向愛迪生提出使用交流電傳輸電力，不過愛迪生並沒有採納。只是告訴特斯拉專心改良直流發電機，改良的好會給他一筆豐厚的薪資，因此特斯拉將直流發電機改良得很完整，但是愛迪生並未履行當時的承諾，使特斯拉憤而離職；幾番輾轉後，特斯拉來到西屋電氣公司上班，在 1887 年時發明出第一個交流感應馬達—異步發電機，交流電就這麼誕生了。

比起直流電，交流電傳輸過程不會損耗太多電力，且相對便宜許多，並可透過變壓器將交流電轉換成直流電供燈泡使用，因此電廠能夠設在較偏遠的地方，這樣看來，交流電的確取代直流電成為現代電力主流，但其實兩者各有所長，皆應用在各種不同的地方。下面來談談交、直流馬達的歷史與簡單介紹交、直流馬達吧！

圖 3.1.1 交流電之父特斯拉（左）與直流電之父愛迪生（右）

（圖片取自：左 Napoleon Sarony / zh.wikipedia.org、右 Louis Bachrach, Bachrach Studios, restored by Michel Vuijlsteke / zh.wikipedia.org）

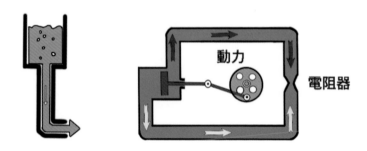

圖 3.1.2　直流電與交流電示意圖

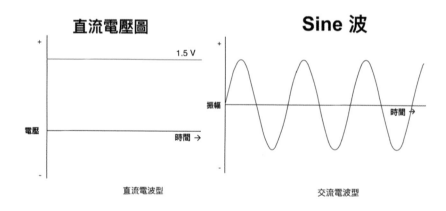

圖 3.1.3　交直流電流圖

3.2 直流有刷馬達起源

　　說到馬達的起源，就必須提到著名的奧斯特實驗，在1820年，丹麥物理學家漢斯・奧斯特（Hans Christian Ørsted）對電進行實驗，觀察到一根通電棒放在指南針旁邊會使指南針偏轉，他發現了電磁學，推動了電動馬達技術的創新，因此，世界各地的科學家開始研究電磁發電的技術。

　　第一台直流有刷馬達是在1834年由美國人湯馬斯・達文波特（Thomas Davenport）發明出來的，他熱愛閱讀，看了許多關於電和磁的書籍，並在29歲時參觀了紐約的商用電磁鐵，強大的電磁鐵由約瑟・亨利（Joseph Henry）製造，可以舉起高達750磅的鐵。湯馬斯・達文波特決定自己買一塊磁鐵，但是他並沒有足夠的錢，因此他賣掉哥哥的馬和積蓄，拿到磁鐵後把它拆開，研究它的構造。他根據約瑟・亨利的電磁鐵系統基礎，在1833年開始研究電磁學，並製造了一個使用4個電磁鐵的設備，將其中2個電磁鐵安裝在一個樞軸上，另外2個安裝在固定桿上，然後他使用連接電池的換向器為系統提供電流，使用的是直流電，當系統開始供電，設備也跟著旋轉，第一台直流馬達就此誕生。

　　1834年12月，湯馬斯・達文波特向米德爾伯里學院的教授展示了他的發明，並於1835年在馬薩諸塞州的斯普林菲爾德向公眾展示了他的發明。他還建造了一個模型電動火車，使用軌道傳導電力。不過當時湯馬斯・達文波特試圖為他的設備申請專利，卻被拒絕了，因為專利局官員以前從未為電子設備申請過專利。當他回到

家，收到了學者和科學家的推薦信，因此他參觀了美國第一所工科學校倫斯勒理工學院並獲得支持。他前往新澤西州普林斯頓，在那裡他遇到了約瑟‧亨利，他還前往賓夕法尼亞大學遇到了本傑明‧富蘭克林‧貝奇（Benjamin Franklin Bache）。並於1837年為湯馬斯‧達文波特申請了發明專利（專利號132）。他用他的馬達來驅動一輛小型汽車，這可能是歷史上第一輛電動汽車。

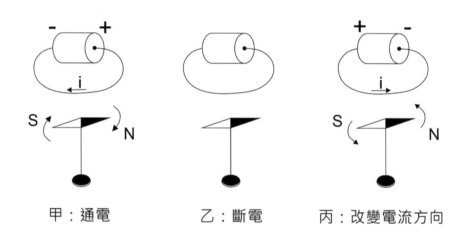

甲：通電　　　　乙：斷電　　　　丙：改變電流方向

圖3.2.1　奧斯特實驗

1820年	法國人安德烈—馬里‧安培（André-Marie Ampère）發明了圓柱形線圈
1822年	英國人彼得‧巴洛（Peter Barlow）發明了一個紡車
1825年	英國人威廉‧思特金（William Sturgeon）發明電磁鐵
1827年	匈牙利人耶德利克‧阿紐什（Ányos Jedlik）發明第一台帶有電磁鐵和換向器的旋轉機器
1831年	英國人麥可‧法拉第（Michael Faraday）發明電磁感應
1831年	美國人約瑟‧亨利（Joseph Henry）製造小型磁力搖桿
1834年	美國人發明第一台馬達
1835年	荷蘭人建造一輛約3公斤的小型電動三輪車，可行駛15～20分鐘
1866年	德國人維爾納‧馮‧西門子（Werner Siemens）製造第一台實用且帶有雙T型電樞繞組的發電機
1871年	比利時人發明錨環，可產生平滑直流電壓，解決雙T型電樞會產生脈動直流電的問題

表3.2.1　直流有刷馬達的發展

3.3 直流有刷馬達基本構造

　　圖3.3.1為直流有刷馬達的基本構造，主要由4個部件組成，分別為定子、轉子、換向器及電刷。定子和轉子為機械上的關係，定子是馬達靜止不動的部分，由電樞繞組或永磁體組成，永磁體即為永久磁鐵，並在轉子周圍產生靜止磁場。根據定子繞組可分成4種基本型式，分別為他激式、串激式、並激式和複激式，如表3.3.1所示。定子外部有軛或外框架為直流馬達提供覆蓋。它由用於大型直流馬達的鑄鋼製成，以及用於小型直流馬達的鑄鐵。軛用於直流電機，他有3種功能，為電線桿提供機械支撐、用來防止機械損壞的保護罩和為機器磁極產生的磁通量提供通道。磁極繞組和勵磁線圈由放置在磁極鐵芯周圍的銅線組成。當電流通過這些線圈時，使它們產生磁通量的磁極電磁化。一旦電流開始在轉子的電樞中流動，該磁通量就會通過轉子並產生旋轉扭矩。

　　轉子則是馬達轉動的部分，電樞鐵芯是直流馬達的旋轉部件。它由矽鋼製成。圓柱結構採用疊層結構，減少渦流損耗。其主要目的是為磁通量提供低磁阻路徑，並容納電樞導體。轉子上面纏繞一個或多個電樞繞組，電樞繞組就是線圈纏繞在一起的意思。當這些繞組轉動時，它們會產生磁場。該磁場的磁極將面向定子產生的相反磁極，並使轉子轉動。當電機轉動時，繞組不斷地以各種順序通電，以使轉子產生的磁極不會中斷定子產生的磁極。

　　與其他馬達類型不同，直流有刷馬達不需要控制器來控制轉子繞組中的電流，取而代之的是利用換向器與電刷，換向器包含楔形

硬拉銅片，形成圓柱形結構。一塊薄薄的優質雲母將各個部分相互絕緣，而電刷通常由裝在刷架中的矩形碳塊製成。電樞繞組兩端連接到換向器，電流通過與電刷接觸的換向器流過繞組。該結構使得轉子的旋轉切換與電刷接觸的換向片，並且電流流過的繞組也依次切換，繼續旋轉。

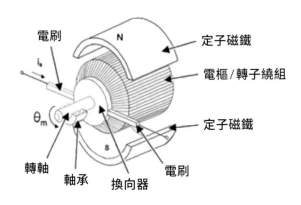

圖3.3.1　直流有刷馬達構造

依定子繞組繞線分類			
並激式	串激式	複激式	複激式

表3.3.1　直流有刷馬達的種類

3.4 直流有刷馬達基本原理

　　圖3.4.1是直流有刷馬達旋轉原理的簡化模型，圖中為一對永磁體以北極和南極相對的方式排列，單個線圈繞組位於永磁體之間。線圈兩端連接到換向器，換向器與電刷彼此有接觸，且電刷連接到直流電源，電流從正極提供，通過線圈再流回到負極。

(1) 假設圖3.4.1中所示的繞組方向為初始點（0°），根據弗萊明左手定則，電磁力F在北極側的導體中向上運動，在南極側的導體中向下運動，線圈順時針旋轉。

(2) 當線圈旋轉接近時，換向器和電刷不再接觸，電流無法流動，雖然沒有電流的流動，但根據牛頓的慣力特性，線圈還是會旋轉。

(3) 當線圈因慣性而繼續轉動時，換向器與電刷再次接觸，換向器會切換位置，從而切換流經線圈的電流方向，使線圈中產生同一方向的電磁力，旋轉到位置時，與圖3.4.1有相同的狀態，重複循環，使得直流有刷馬達能夠持續旋轉。

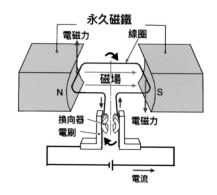

圖3.4.1　直流有刷馬達
　　　　　旋轉原理

3.5 交流電崛起

　　愛迪生利用碳化竹燈絲將燈泡改良成能夠持續使用超過1200小時，不過想要供應整個城市數以萬計家庭的燈泡用電，還須依靠發電廠，因此愛迪生在1882年設立了首家發電廠，使用的是110伏特的直流電，不過直流電在電力傳輸過程中，隨著距離愈遠，損失的電力就愈高，因此他雇用特斯拉來解決電力傳輸問題，特斯拉馬上就提出使用交流電，但愛迪生不接受，特斯拉後來投靠西屋，此刻，一場交直流的戰爭正式開始。

　　在接下來的幾年裡，愛迪生發起了一場運動，強烈反對在美國使用交流電，其中包括遊說州立法機構和散布關於交流電的虛假訊息。愛迪生還指示幾名技術人員公開用交流電對動物進行電刑，是的沒錯，這是真實發生的歷史故事。他曾雇用孩子們來收集流浪狗進行觸電實驗，與死刑委員會成員索斯威克布朗密謀進行馬觸電示威，試圖證明交流電會殺死動物，不只馬和狗，甚至包括小牛與大象；最讓人驚嚇的是設計一套交流電電椅，托關係讓美國紐約政府的處刑人員利用電椅處死犯人，且電椅的電壓僅有1000伏特，因此，受刑人生不如死，肌肉燒焦但還有意識，重複電了幾次直到燒成焦炭才死亡。雖然愛迪生拚命誹謗西屋的交流電，但西屋不以為意，反而覺得愛迪生在幫忙免費打廣告，並且準備了文章歸納出在1888年，紐約市有64人死於街車事故，55人死於公共汽車與貨車事故，23人死於煤氣中毒，而死於觸電的僅有5人。道出了不只有交流電會發生事故，並且描述愛迪生的發電廠有許多工程師認為直

流電本身有許多缺陷，而這些缺陷只能用交流電來彌補。交流電取代直流電是肯定的，只是時間早晚的問題。

1891年，國際電工展覽會在德國法蘭克福舉行，並在展覽會上展示了第一次長距離傳輸三相交流電，為燈和電機供電。幾位後來成為通用電氣的代表出席了會議，隨後對展示印象深刻。次年，通用電氣成立並開始投資交流技術。西屋公司於1893年贏得了一份建造水電大壩的合約，以利用尼亞加拉瀑布的電力並將交流電傳輸到紐約州的布法羅。該項目於1896年11月16日完成，交流電源開始為布法羅的工業供電，這一里程碑標誌著直流電在美國的衰落。

圖 3.5.1　交流電電死大象

（圖片取自：Edwin S. Porter or Jacob Blair Smith、
Edison Manufacturing Company / zh.wikipedia.org）

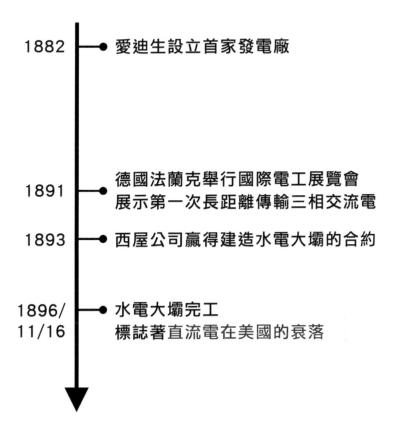

1882　● 愛迪生設立首家發電廠

1891　● 德國法蘭克舉行國際電工展覽會
　　　　展示第一次長距離傳輸三相交流電

1893　● 西屋公司贏得建造水電大壩的合約

1896/　● 水電大壩完工
11/16　　標誌著直流電在美國的衰落

圖3.5.2　交流電崛起時間線

3.6 交流感應馬達起源

　　說到交流電，就需要提提著名的「交流電之父」─尼古拉‧特斯拉。他於 1856 年出生在克羅地亞的斯米連，當時是奧匈帝國的一部分。他的父親是塞爾維亞東正教教堂的一名牧師，母親是另一位神父的女兒，並管理著家庭的農場。1863 年，特斯拉的兄弟丹尼爾在一次騎行事故中喪生，巨大的驚嚇讓 7 歲的特斯拉感到不安，他報告說看到了幻覺─這是他終生精神疾病的第一個跡象。據說特斯拉從小就能夠對複雜的數學題目進行快速心算，以致他時常被教師懷疑作弊，他也非常喜歡閱讀各式各樣的科技書籍，據說他的眼睛能一目十行，且能記下看過的每一本書。幼年時他經歷過多次嚴重疾病，承受過極大的病痛。他常常以為自己看到眩暈的閃光，隨即產生各種幻覺，令他在聽到一個單詞時就會想像出相應事物的許多細節。長大以後，他很相信自己的直覺，並且常常在試驗成功以前就能夠在腦子裡詳細地想像出即將誕生的發明。

　　1887 年，特斯拉組裝了世界上第一台無電刷的交流電感應電動機，並在次年為美國電子工程師學會做了成功的演示。同年，他又發明了當時被認為非常神奇、用來實現電磁效應的「特斯拉線圈」（Tesla Coil）。當年，他開始在位於匹茲堡的電器製造公司實驗室工作，並提出了利用多相系統遠程傳輸交流電的方案，並在 1891 年證實能量可以無線傳輸，稱為「特斯拉效應」。在 1893-1895 年間，特斯拉研究了高頻交流電並獲得了多相電源系統的專利。他用圓錐形的特斯拉線圈產生出了百萬伏的交流電。他還演示

了無線電發射，並組裝了第一台無線電發射機。1893 年的芝加哥世界博覽會史無前例地為電子儀器開設了一個展區，在那裡，特斯拉歷史性地用交流電點亮了會場所有的電燈，這個實驗比兩年前他在倫敦所做的小型公開演示更成功，引起了與會民眾的無比驚奇和熱烈歡呼。

1901 年，世界級富豪 J.P. 摩爾根（J.Pierpont Morgan）向特斯拉提供了 15 萬美元投資和 100 萬美元貸款，幫助他在紐約長島建起了一座大型的「特斯拉線圈」，計劃跨越大西洋兩岸的無線通訊和無線輸電。可惜到了 1903 年，他的無線電發明專利被人洩漏，導致美國專利及商標局於 1904 年把該專利權判給了義大利人馬可尼（Guglielmo Marconi）。後來摩爾根決定收回所有資金，使特斯拉的事業全面崩潰，個人財務也徹底破產。雖然特斯拉晚年債務纏身、窮困潦倒，孤獨地病死在紐約酒店房間裡，不過幸好，後人對這位偉大的發明家報以足夠的崇敬、認可與懷念。美國郵政郵局為了向他致敬，在郵票上印了他以及他的感應馬達，或是在當時的《時代》週刊將特斯拉選為封面人物以慶祝他的 75 歲生日。

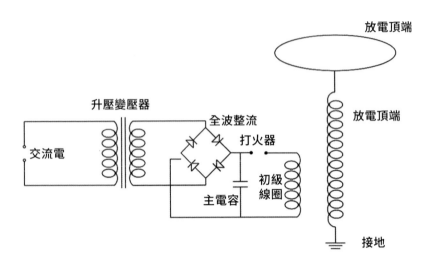

圖 3.6.1　特斯拉線圈

1824 年	法國物理學家弗朗索瓦・阿拉戈（François Arago）提出旋轉磁場的存在
1879 年	沃爾特貝利（Walter Baily）使用電池製作多相馬達
1885 年	義大利物理學家加利萊奧・費拉里斯（Galileo Ferraris）發明了兩相感應馬達
1887 年	尼古拉・特斯拉（Nikola Tesla）發明具有四根電力線的兩相交流系統，且獲美國專利
1889 年	奧托・布拉西（Ottó Titusz Bláthy）發明第一台無換向器單相交流感應馬達
1889 年	米哈伊爾・多利沃（Mikhail Dolivo）發明了鼠籠轉子感應馬達
1891 年	通用電氣公司（GE）開始開發三相感應馬達
1892 年	西屋公司實現了第一台實用的感應馬達

表 3.6.1　交流感應馬達的發展

3.7 交流感應馬達基本構造與原理

　　感應馬達的基本構造主要由兩個部件組成，分別為定子和轉子。定子上會纏繞線圈，稱為定子繞組，根據定子上線圈纏繞的方式，又可分為單相和三相，而三相感應馬達依照轉子的種類可細分成兩種，分別為鼠籠式與相繞式，定子是指馬達中不動的部分，帶有一個三相繞組，每個繞組相隔120度；而轉子是馬達負責旋轉的部分，使用的是鼠籠式轉子，該轉子使用銅或鋁棒作為轉子導體，轉子的每個槽都有一根導體，所有的導體都被環形環封閉，形成短路。這麼多種類的馬達，又以鼠籠式三相感應馬達最常見，以下皆依鼠籠式三相感應馬達來說明。

　　定子的電樞繞組接三相交流電源，交流電為正負周期不斷交替，磁場的大小和方向都不斷變化，因此形成一個旋轉磁場；轉子的磁場繞組接直流電源，由於轉子導體受到定子的旋轉磁場的切割，而產生一個感應電流，使轉子周圍產生自己的磁場，在存在導體電流的情況下，轉子的磁場會與定子的磁場相互作用，並在轉子的外框上產生一個力，使轉子圍繞著軸旋轉，如圖3.7.1所示。簡單來說，就是在定子上建立一個旋轉磁場即可驅動轉子轉動。因為轉子導體中流動的電流是由於轉子導體受到定子旋轉磁場的切割感應而生的應電流，所以不用接電源就能感應出電流，故稱感應馬達。

　　旋轉磁場的產生是因為三相分布式繞組，繞組的軸線必須相隔120度，且三相中的電流大小皆相等，但在時間上偏移120度，如

圖3.7.2所示。下方會利用圖片來說明，能更清楚理解其運作過程。在圖3.7.2中，可以看到A、B和C相分別在時間點X、Y和Z達到峰值。在X點，A相的電流幅度比B、C相更大，且B、C相的電流大小相同，方向相反，因此可以相互抵銷，只留下A相的磁場方向，合成的磁場如圖3.7.3（a）所示；在Y點，B相的電流幅度比A、C相更大，且A、C相的電流大小相同、方向相反，因此也互相抵銷，只留下B相的磁場方向，合成的磁場如圖3.7.3（b）所示；Z點的情況與上述兩者相同，因此只會流下C相的磁場方向，如圖3.7.3（c）所示。根據上述原理，定子就能產生不斷繞圈的旋轉磁場。

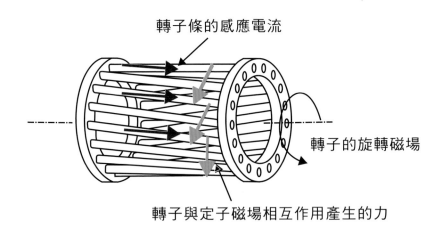

轉子條的感應電流

轉子的旋轉磁場

轉子與定子磁場相互作用產生的力

圖3.7.1　鼠籠式轉子的旋轉磁場

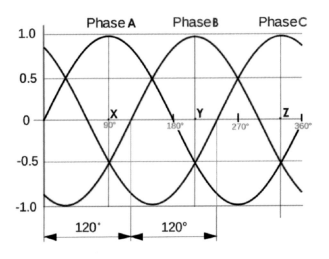

圖3.7.2　定子三相繞組的電流 - 時間圖

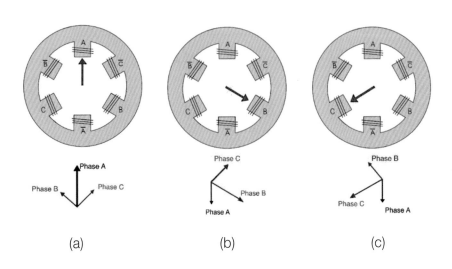

圖3.7.3　在 X、Y 和 Z 點上各項磁場大小與合力

3.8 交流同步馬達 基本構造與原理

　　交流同步馬達的基本構造主要由兩個部件所組成，分別為定子與轉子，如圖3.8.1所示。定子上會纏繞線圈，稱為定子繞組或電樞繞組，而轉子根據磁化方式可分為兩種，一種轉子為永磁鐵，其馬達被稱為永磁同步馬達；另一種轉子與定子一樣，上面會纏繞線圈，稱為轉子繞組或勵磁繞組，轉子繞組需要接上直流電激勵，使轉子周圍產生磁場，轉子的行為類似於永磁體，可將它視為永磁鐵，只不過它是利用電來產生磁場，更正確的說法應為電磁鐵，此轉子類型的馬達被稱為激磁式同步馬達。

　　同步馬達定子的旋轉原理與感應馬達相同，而轉子產生磁場的方式與感應馬達不同，同步馬達的轉子為永磁鐵或電磁鐵，本身能產生出磁場，或是通過直流電激勵而產生磁場。

　　定子的電樞繞組接三相交流電源，交流電會隨著時間而改變，產生的磁場其大小與方向也不斷改變，因此能夠產生一旋轉磁場。如果轉子為永磁鐵，則永磁鐵會受定子磁場影響，而產生與定子磁場相同的速度；如果轉子為勵磁繞組，其極性無南北極之分，需要利用直流電激勵，經過直流電勵磁的線圈，會形成與永磁鐵相同的特性，也就是有固定的南北極，使轉子上能夠產生磁場，而磁場與定子的磁場有著相同的速度，因此稱為同步馬達。

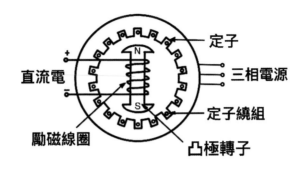

圖 3.8.1　轉子與定子構造圖

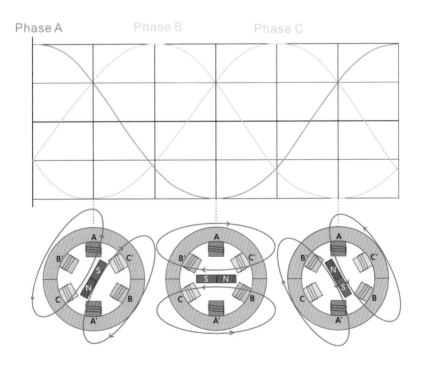

圖 3.8.2　三相交流同步馬達的旋轉原理

3.9 直流無刷馬達基本構造

　　直流無刷馬達主要構造由3個部件構成，分別為定子、轉子和位置傳感器，如圖3.9.1所示，與前面最一開始的章節提到的直流無刷馬達之差異在於少了電刷和換向器，取而代之的是電子換向。與傳統直流馬達相比，電子換向提供更高的效率，在相同速度和負載下運行的馬達可提高20％至30％。

　　直流無刷馬達的定子結構類似於感應馬達，由堆疊的鋼片組成，帶有用於纏繞線圈的軸向切槽，但線圈繞組的繞法與感應馬達不同，通常以星型或是Y型連接，線圈互連沒有中性點。轉子部分由永磁鐵組成，通常是稀土合金磁體，如釹（Nd）、釤鈷（SmCo）和釹、鐵養體和硼合金（NdFeB），其永磁體有兩種類型，一種是外轉子，另一種是內轉子，如表3.9.1所示，兩者區別僅在於設計上的不同，其工作原理相同。在內轉子設計中，轉子位於馬達中心，定子繞組圍繞在轉子外圍，由於轉子在鐵芯中，轉子磁鐵不會在內部隔熱，熱量很容易散發，因此該構造的馬達產生的扭矩得到有效的利用。

　　由於直流無刷馬達的換向是電子控制的，為了使馬達旋轉，定子繞組必須按順序通電，並且必須知道轉子的位置（即轉子的北極和南極），可以利用位置感測器來檢測轉子位置將其轉換成電信號，以精確地為一組特定的定子繞組通電。大多數直流無刷電機（BLDC）使用3個嵌入定子的霍爾傳感器來感應轉子的位置。霍爾傳感器的輸出將是高電平還是低電平，具體取決於轉子的北極或

南極是否經過它附近。通過結合來自 3 個傳感器的結果，可以確定確切的通電順序。

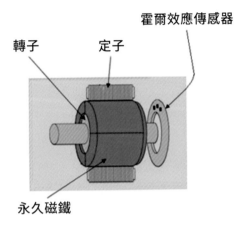

圖 3.9.1　直流無刷馬達構造圖

內轉子	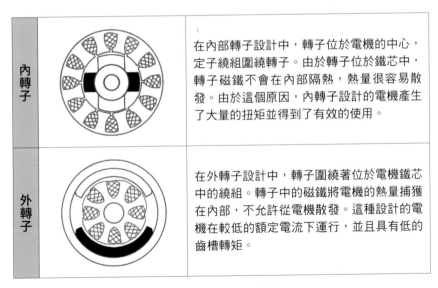	在內部轉子設計中，轉子位於電機的中心，定子繞組圍繞轉子。由於轉子位於鐵芯中，轉子磁鐵不會在內部隔熱，熱量很容易散發。由於這個原因，內轉子設計的電機產生了大量的扭矩並得到了有效的使用。
外轉子		在外轉子設計中，轉子圍繞著位於電機鐵芯中的繞組。轉子中的磁鐵將電機的熱量捕獲在內部，不允許從電機散發。這種設計的電機在較低的額定電流下運行，並且具有低的齒槽轉矩。

表 3.9.1　轉子的類型

3.10 直流無刷馬達基本原理

　　在了解直流無刷馬達如何運作之前，我們必須先了解霍爾效應的原理，因為前面有提到，直流無刷馬達的換向是電子控制的，想要使馬達旋轉，定子繞組必須按順序通電，並且必須知道轉子的位置，那就需要使用根據霍爾效應原理工作的位置傳感應。如果我們取一塊薄導電板，並將其與電池（電壓源）連接到電路中，則電流將開始流過它，電荷載流子將從板的一端沿直線流向另一端。當電荷載流子運動時，它們會產生磁場，現在，如果在板附近放置一塊磁鐵時，如圖 3.10.1 所示，它的磁場會扭曲電荷載體的磁場，這將擾亂電荷載流子的直線流動，擾亂電荷載流子流動方向的力稱為洛倫茲力。由於電荷載流子的磁場畸變，帶負電的電子將偏轉到板的一側，而帶正電的空穴將偏轉到板的另一側，這種效應稱為霍爾效應。磁場愈強，電子偏轉愈多，這意味著電流愈高，電子偏轉愈多。並且，電子偏轉得愈多，在板的兩側之間觀察到的電位差就愈大。

　　直流無刷馬達有單相、兩相和三相這三種配置方式，其中以三相最為常見，三相無刷直流馬達可以有兩種不同類型的繞組連接，一種為星形（Y）或星形連接，另一種為 delta（Δ）連接（繞組串聯形成三角形），Y 形配置有一根中性線接地，這可以保護電機免受過壓和過載。三角形連接沒有中性線，因此它更適用於負載平衡的電機。下面以三向直流無刷馬達來說明其工作原理。考慮以下定子 A、B 和 C 中 3 個繞組，為了方便理解，將轉子換成單個磁鐵來表示，如圖 3.10.2 所示。

當電流通過線圈時，會產生磁場，磁力線的方向（即產生的磁體的磁極）取決於流過線圈的電流方向。利用這個原理，如果我們向線圈A提供電流，它就會產生磁場並吸引轉子磁鐵，轉子磁鐵的位置將略微順時針移動並與A對齊。如果我們現在一個接一個地（按此順序）通過線圈B和C的電流，轉子磁體將按順時針方向旋轉。為了提高效率，可以同時給2個線圈通電，這樣一個線圈會吸引磁鐵，另一個線圈會排斥它，而第3個將空閒，如圖3.10.3所示。

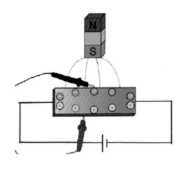

圖3.10.1　霍爾效應原理

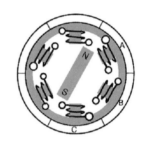

圖3.10.2　直流無刷馬達工作原理簡化圖

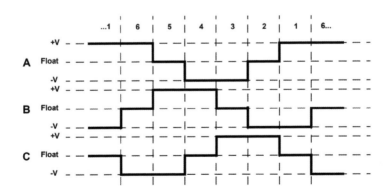

圖3.10.3　繞組A、B和C的通電情況

CHAPTER 04

電動車的
世界產業地圖：
四強

隨著科技不斷發展與創新，生活品質隨之提升，開始倡導環保與大自然共存，各國都希望能夠研發對生態環境傷害最低的產品，加上燃油車所使用的汽油可能面臨耗盡的窘境，因此電動車在近幾年來被世人再次提起。與百年前不同的是，這次電動車不再稍縱即逝，有極大的可能成為新世代汽車的主宰。電動車的復興也已有數十年了，主要的牆頭有四大地區，分別為美洲、歐洲、中國和日韓，以下會說明四強主要的電動車品牌，再來討論他們的過去、現在的發展狀況和未來發展。

　　根據2021年按企業統計的純電動車銷量排名來看，第一名是眾所皆知來自美國的特斯拉，銷售量高達93.6萬輛，與第二名中國上海汽車集團銷售的59.6萬輛差距相當大，遠遠領先其他家電動車一大截，雖然特斯拉的銷售量位居第一，不過中國的宏光Mini電動車在中國銷量約為特斯拉的兩倍，打敗特斯拉的Model 3，因為宏光Mini電動車最大的賣點在於價格，售價僅約新台幣12萬，相較之下，特斯拉Model 3還漲價，因此成為許多中國人民買車的首選。第三名是德國的福斯，銷售量為45.2萬輛，相比2020年總銷量提升95.5％，第四名是中國的比亞迪，銷售量為32萬輛，與去年相比提升了145％。

　　排名上的各家品牌無法一一說明，以下簡單列出幾個後面會拿出來討論的品牌，包括第六名來自韓國的現代汽車集團，銷售量為22.3萬輛，第十名德國的寶馬（BMW），銷售量為11萬輛，與位居第九名的浙江吉利控股集團的銷售量相同，由於中國電動車有其他更具潛力的品牌，因此後面不討論它。第十二名也是來自德國的賓士（Mercedes-Benz），銷售量為9.9萬輛，第十九名美國的福特（Ford），銷售量為5.5萬輛，還有來自日本的本田（Honda）和豐田（TOYOTA），兩個的排名分別在第二十七名和二十八名，銷售

量為1.5萬輛和1.4萬輛。

2021年純電動車銷售量排行榜

特斯拉 🇺🇸	排名1	93.6萬
上海汽車集團 🇨🇳	排名2	59.6萬
福斯 🇩🇪	排名3	45.2萬
比亞迪 🇨🇳	排名4	32萬
	.	
	.	
	.	
BMW 🇩🇪	排名10	11萬
賓士 🇩🇪	排名11	9.9萬
	.	
	.	
	.	
福特 🇺🇸	排名19	5.5萬
	.	
	.	
	.	
本田 ●	排名27	1.5萬
豐田 ●	排名28	1.4萬

4.1 美國－特斯拉的 master plan

　　特斯拉成立於 2003 年，當初創立特斯拉的工程師團隊，希望向大家證明實現全自動駕駛的可行性與商機，並且相較於燃油車，電動車的性能應該更優良、更快速，也能帶來更多駕駛上的樂趣。特斯拉執行長伊隆・馬斯克在 2006 年聲稱特斯拉將執行 master plan，計畫中的第一步驟是建造跑車、建造一輛負擔得起的汽車、建造一輛更實惠的汽車和提供零排放發電的選項，並以此打造出 Roadster、Model S 和 Model 3 等電動車，特斯拉在 2016 年推出了 Model 3，是如今全球最受歡迎的電動車款之一，這是特斯拉最實惠的車型，它提供了作為一款電動車所需的大部分功能，也是首批上市負擔得起的遠程電動轎車之一，Model 3 將性能、續駛里程和可承受的價格完美地結合在一起，它的銷量超過了寶馬和奧迪等豪華車的競爭對手成為如今電動車銷售霸榜的車款。在 2021 年特斯拉交貨了 93 萬台車，其中美國和中國就各占了 1/3 的銷售量，也因此當年的營收接近 7 成是來自美國和中國，而 2022 年直至第二季度為止，交貨數量 57 萬台，到年底前有望突破 130 萬台的銷量，也會是第一次電動車突破 100 萬台銷量的公司。

　　Master plan 的第二步驟在 2016 年發布，特斯拉希望打造太陽能電池屋頂和移動式電池儲能產品使每個家庭都像一個小型發電站、擴展電動車產品線覆蓋所有主要市場、開發比手動安全的自動駕駛能力、讓車子在不使用時為你賺錢，以上 4 個部分為祕密計畫的第二步驟，儘管很多人不相信這是可以達成的，但有了第一步驟的成

功，也讓特斯拉有很大的資本與野心去一步步慢慢實現，時至今日，特斯拉不僅打造出純電動車，更推出了具有無限擴充功能的清潔能源發電與儲存產品，特斯拉相信全世界愈快停止依靠石化燃料，就愈能迅速進入零排放的美好未來。

在第三步驟，馬斯克透露將持續擴大汽車的生產規模和整個電動車供應鏈產業。

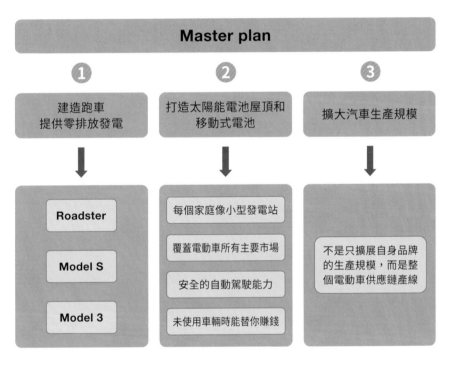

圖4.1.1　**特斯拉的 Master plan**

4.2 美國－特斯拉的超級工廠和 Tesla Vision

在 2019 年底特斯拉完成位於上海的超級工廠,這個龐大的生產基地是中國第一個外商獨資汽車製造項目,2021 年上海超級工廠全年交付量達到 484,130 輛,占特斯拉 2021 年全球產能的 51.7%,直至目前上海超級工廠的年產能超過 75 萬輛,另於 2021 年 7 月也完成位於德克薩斯州的另一個超級工廠,預計年產量為 65 萬輛於 2022 年初開始生產,直至今日特斯拉總共有 6 個超級工廠。另外,特斯拉有自己的超級充電站,打造 480 伏直流快速充電技術擁有 3,000 多個超級充電站,擁有並運營著世界上最大的全球快速充電網絡,只需插上電源充電即可,可以在 15 分鐘內增加 200 英里的續航里程。由於很少需要充電至 80% 以上,因此停車通常很短且方便。

在 2021 年特斯拉計畫推向印度,根據當地報紙《印度快報》和《經濟時報》的報導,特斯拉計劃 2021 在該國推出入門級 Model 3。Tesla 正積極開發屬於自己的自動駕駛系統 Tesla Vision,是一個完全依賴攝影機和電腦運算的自動駕駛軟體,不需要其他感測器,從 2021 年 5 月開始,北美市場製造的 Model 3 和 Model Y 車輛將不再配備雷達和光達,取而代之的是依靠攝像機技術捕捉視學和運用神經網絡處理來提供自動駕駛數據和處理,目前無法得知 Tesla Vision 和其他運用雷達的感測究竟哪個好,但對於自動駕駛的發展,特斯拉相信電腦視覺能做到人眼能處理的所有工作,無需其他感測器輔助就能達成。

特斯拉執行長馬斯克宣稱將在2023年將Cybertruck、Roadster跑車和Tesla Semi電動卡車投入大規模生產，並且明年將會出現大量新產品，特斯拉還宣布他們將建立自己的電池生產設施，希望到2022年達到100 GWh的電池容量，到2030年達到3000 GWh的電池容量。

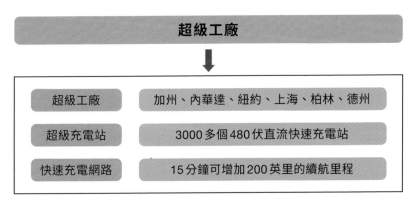

超級工廠	
超級工廠	加州、內華達、紐約、上海、柏林、德州
超級充電站	3000多個480伏直流快速充電站
快速充電網路	15分鐘可增加200英里的續航里程

圖 4.2.1　特斯拉的超級工廠

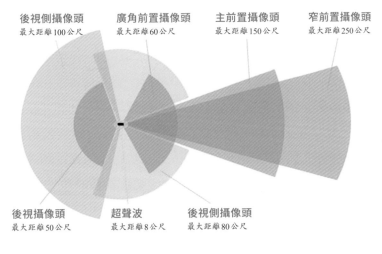

後視側攝像頭
最大距離100公尺

廣角前置攝像頭
最大距離60公尺

主前置攝像頭
最大距離150公尺

窄前置攝像頭
最大距離250公尺

後視攝像頭
最大距離50公尺

超聲波
最大距離8公尺

後視側攝像頭
最大距離80公尺

圖 4.2.2　Tesla Vision

4.3 美國－福特在國內稱霸卡車和運動休旅車

　　福特在全球擁有9955家經銷商，其中包括約3100家（占美國所有新車經銷商的18％）經銷商隨著公司繼續開發新的電動汽車，經銷商為福特提供了一個大型且經過驗證的分銷平台，以推出新車型快速有效地為消費者提供服務。經銷商還透過在當地市場投放廣告、與客戶建立信任以及位於客戶附近的車輛服務中心來促進長期銷售成長。憑藉其廣泛的製造能力和經銷商網絡，福特在美國經營著盈利的內燃機（ICE）業務。

　　福特在美國的業務現在幾乎完全是卡車和運動休旅車（SUV）的銷售，根據圖4.3.1所示，批發卡車和運動休旅車占美國總批發量的百分比從2018年的82％上升到2021年的97％，福特的銷售變化反映了美國家庭向卡車和運動休旅車的更廣泛轉變，美國卡車銷售從2018年占汽車總銷量的69％上升到2021年的78％。消費者對運動休旅車日益增長的偏好反映了汽車成為為舒適而建造的滾動娛樂中心的趨勢。在短期內，福特從轎車轉型在美國銷售更少的車輛且失去一些市場份額，然而，隨著公司的稅後淨營業利潤（NOPAT）利潤率從2018年的2.5％上升到2021年的3.7％，而推動福特的投資資本回報率（ROIC）在同一時間從4.8％到達5.4％。隨著稅後淨營業利潤率和投資資本回報率的上升，福特的核心收益在2021年飆升也就不足為奇了。福特的核心收益從2020年的39億美元上升到2021年的89億美元，成為創下歷史新高的公司。不僅福特的製造和分銷網絡難以複製，而且該公司強大的自由現金流（FCF）流

量還在資本日益密集的行業中提供了明顯的競爭優勢。汽車公司需要大量現金來資助汽車的生產、分銷和銷售。

為了滿足對其廣受歡迎的電動汽車需求並支持雄心勃勃的未來計畫，福特宣布了增加電池容量和原材料供應以實現這一目標的最新舉措，儘管裁員可能迫在眉睫。這些舉措旨在使福特到2023年底可每年生產60萬輛汽車，到2026年底能超過200萬輛。福特表示，在它擁有支持第一部分生產計畫（每年60萬輛電動汽車）所需的60吉瓦時，同時已經採購了70％的電池容量，以實現2026年每年200萬輛電動汽車的目標。除了目前的鎳鈷錳（NCM）化學成分之外，福特還在其產品組合中添加了第二種電池化學成分：磷酸鐵鋰（LFP）。磷酸鐵鋰減少了對稀有礦物的依賴，節省了10～15％的成本。

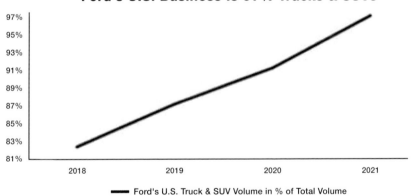

圖4.3.1　福特在美國的卡車和休旅車銷量占總批發量的百分比
（2018年至2021年）

（圖片來源：https://seekingalpha.com/article/4500254-ford-motor）

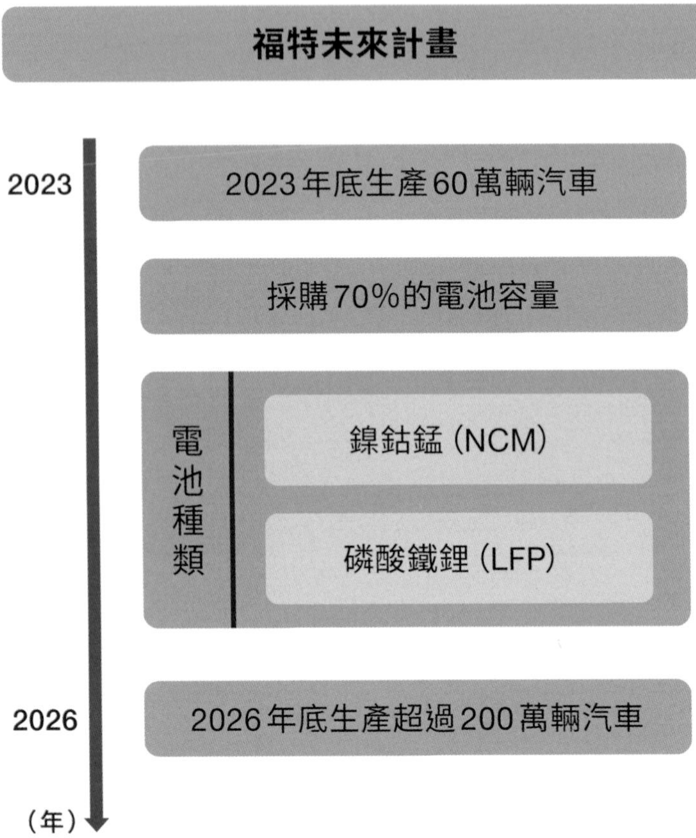

福特未來計畫

2023	2023年底生產60萬輛汽車
	採購70%的電池容量
電池種類	鎳鈷錳（NCM） 磷酸鐵鋰（LFP）
2026	2026年底生產超過200萬輛汽車
(年)	

圖4.3.2　福特未來計畫

4.4 中國－上海汽車集團 新四化與新電池

　　上海汽車集團除了汽車的製造和銷售，還生產和銷售包括發動機、變速器、動力傳動系統在內的汽車零部件和汽車零部件的生產、銷售、開發、投資及相關的汽車服務貿易和金融業務，重於整車的研發、製造和銷售、整車開發的動力總成系統、底盤系統以及電子系統、汽車金融業務等。整體上市完成後，公司已成為國內資本市場規模最大的汽車企業。該公司目前已擁有凱迪拉克、別克、雪佛蘭等大品牌，不僅已經在國際市場站穩腳步也試圖拓展電動車市場，於2014年躋身全球前500大企業榜單中的前100名。

　　在2021年隨著5G通信、數位化和互聯互通等新興趨勢，汽車行業發展迅速，軟體集成對所有汽車製造商都起到了至關重要的作用，上汽集團宣布開發新軟體平台可以識別駕駛員的狀態和心情，通過車輛安排行車狀態和預約。有語音和手勢控制等便捷功能，該平台的開發也得到了包括百度、阿里巴巴、騰訊、華為的支持。2022年宣布成立研發創新總部，在軟體、人工智能（AI）、大數據、雲計算、網絡安全等先進訊息技術方面的優勢資源，以及海外創新中心的創新資源，構建創新體系，加快新能源智能網聯汽車的研發和產業化，並提升先進汽車與電子架構，打造下一代智能電動汽車，加快以用戶為導向的高科技公司轉型。

　　上汽集團著手在歐洲進行電動汽車和互聯網汽車的擴張，開發高度準確的地圖內容、人工智能和實時數據，能進行自動無線更新、聯網車輛服務、充電站等功能，未來5年內將生產70萬輛汽

車。上汽正在研發新一代電動電池系統，於2021年底投入開發，有望實現更快的充電速度和更高的能源效率，到2025年將推出固態鋰電池。目前上汽電動汽車的一個應用是「車輛提供電力」，它可以為220伏的電器充電，也可以為其他車輛提供交流充電，例如你在海灘上燒烤，你可以用你的電動汽車為小冰箱供電。

2021年上汽集團海外銷量達69.7萬輛，同比成長78.9％，連續6年穩居中國海外銷售量第一名，其中自主品牌在海外銷量中占比超過60％，2022年上半年，上汽累計海外銷量已達38.1萬輛，同比成長47.7％，2022年全年上汽海外整車銷量將力爭突破80萬輛。

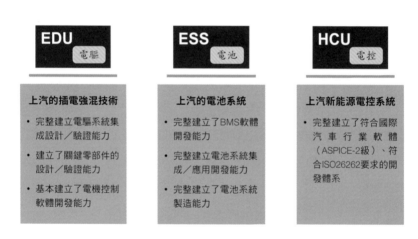

圖 4.4.1　上海汽車三電技術開發

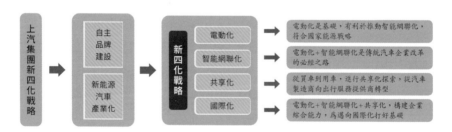

圖 4.4.2　上海汽車新四化

4.5 中國－唯一掌握三電技術的比亞迪

　　自2003年進入汽車市場以來，比亞迪一直引領新能源汽車行業創新。從2008年推出全球首款量產插電式混合車（PHEV）車型F3DM，2015年4月比亞迪正式發布「7＋4全市場電動汽車戰略」，比亞迪始終將「零排放」目標與市場需求相結合，致力於打造全化石燃料－電動汽車在中國實現了電動化。

　　比亞迪從一家曾經只生產和銷售充電電池的公司，發展成為如今在電子、汽車、新能源、軌道交通四大核心領域的業務，目前在全球擁有30多個工業園區和生產基地，總面積超過1800萬平方米，其中一些位於中國以外，如美國、巴西、日本、匈牙利科馬隆和印度的工廠。憑藉刀片電池、超級混合動力技術和新平台等創新技術，比亞迪2021年銷售乘用車730,093輛，其中新能源乘用車593,745輛。2022年上半年，比亞迪新能源乘用車銷量638,157輛，總銷售額成長了19％，是該榜單史上最高的年成長率。比亞迪於2022年第二季度取代特斯拉首次成為最暢銷的電動汽車品牌，相較特斯拉的9.8萬輛，比亞迪汽車電動汽車出貨量超過35.4萬輛。

　　比亞迪是唯一掌握電池、電動機和車輛控制技術的電動汽車製造商，比亞迪專有的磷酸鐵電池是該公司的核心，為所有的車輛和儲能系統提供安全、可靠的電力。透過創建一個以清潔能源為動力的完整、零排放的生態系統來改變世界，從而減少世界對石油的依賴。比亞迪的創新產品在電動汽車、客車、中重型卡車和叉車等多個領域處於領先地位，於2022年3月正式停止內燃機汽車的生產和

銷售，一直專注於純電動車和插電式混合車的開發。

　　2019年，比亞迪的新能源汽車銷量終於超過了傳統汽油車型，在2021年上海的電動汽車銷量超過德國、法國和英國，中國杭州市的銷售額比日本全境都高。深圳的20,000輛出租車幾乎全部是電動比亞迪，而紐約只有不到20輛。超過500,000輛電動巴士在中國道路上行駛，而美國僅有不到1,000輛。

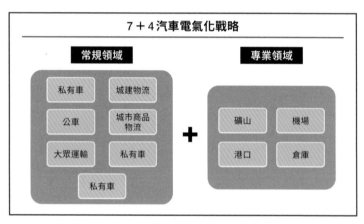

圖4.5.1　　比亞迪7＋4政策

	領域	事件與說法
經營動態	造車方針調整	3月起停止燃油車整車生產
	收購鋰礦資源	• 1月中標智利鋰礦開採權，但遭法院擱置 • 5月底傳出有意收購非洲六座鋰礦礦山
	對外供應電池	6月初高管證實將供應電池給特斯拉
未來方針	智慧化	新能源車上半場是電動化、下半場是智慧化，將像電動化一樣通智慧化領域的核心技術
	規模與垂直化	用規模化、高度垂直一體化等方式，未來將加大力度
	海外市場	目前開拓海外市場有壓力，未來將加大力度
	以快為主	電動車市場並非大魚吃小魚，是快魚吃慢魚。要加速推出優秀產品贏得市場

圖4.5.2　　比亞迪未來政策

4.6 歐洲－福斯的擴廠與平台開發

　　如今福斯集團（Volkswagen）共有9個品牌，奧迪、賓利、布加迪、藍寶堅尼、斯堪尼亞、西雅特、斯柯達、大眾商用車和大眾乘用車，福斯汽車集團總部位於德國沃爾夫斯堡，在這9個品牌中，福斯汽車是代表德國汽車製造商跨越國際邊界的原創和銷量最高的品牌。從2023年起，福斯汽車多達80％以上的電動車型將使用一個電池而不是多個電池，為滿足對電池的高需求，僅在歐洲就計畫建設6座超級工廠投入大規模電池生產。為了加速電動汽車在市場上的成功，福斯汽車正在投資快速充電網絡，到2025年，與合作夥伴一起計劃在歐洲、中國和美國建立約45,000個大功率充電點。

　　福斯汽車相信未來是數位化的時代，電動化、軟體產品、新商業模式和自動駕駛這四大方向正在推動汽車的未來發展，為此，福斯汽車正在推動變革，將軟體和數位發展視為核心競爭力，透過汽車使用階段的數據服務獲得額外收入，並帶給人們新的軟體互動與全新的商業模式。福斯汽車在沃爾夫斯堡的主工廠附近建造一個新的電動車型製造工廠，投資總額約為20億歐元，此工廠是福斯汽車史上最大的計畫，為未來計劃的所有東西將在2026年和新車款Trinity一同亮相，該車輛將在3個領域設定新標準：技術、商業模式2.0和全新的生產方法。此外，福斯汽車將在電動汽車、混合動力和數位化方面投資約180億歐元，為實現這一目標，每年將推出至少一款新的純電動車型，預計到2030年14款車型中，會有9款將是純電動汽車款，並希望將電動汽車在歐洲的銷售額占據70％，

在美國和中國則提高到50％。

如今正在開發新的擴展系統平台（Scalable Systems Platform），預計在2026年發布，並合併當前的車輛模組化平台（MEB）和電車專用模組化平台（PPE），使得擴展系統平台成為4000萬輛所有品牌車款的基礎，讓福斯汽車鞏固其作為平台冠軍的定位。擴展系統平台將開放第三方提供商，同時使車輛與其生態系統完全融合，從而為4級自動駕駛和新商業模式創造條件。

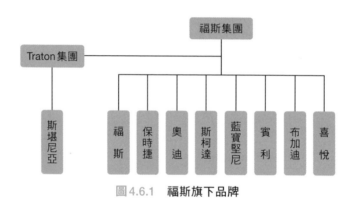

圖4.6.1　福斯旗下品牌

「TRANSFORM 2025+」戰略將品牌推向領先地位汽車行業

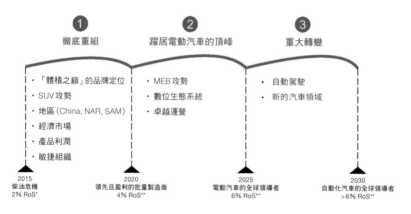

圖4.6.2　福斯汽車未來規劃

4.7 歐洲－寶馬新型概念車與實現碳中和

　　寶馬（BMW）這個名字成為了奢華的代表，憑藉其轎車和跑車系列成為汽車工業的重要基石之一。1990年，寶馬在慕尼黑開設了研究和創新中心，這是汽車行業中第一個開設此類的研究中心，並大量招聘工程師、經理、科學家、設計師等人才，以協作並創造豪華的頂級汽車。1994年寶馬在美國開店，這一舉動不僅讓寶馬能夠擴大其全球業務，還使該公司能在最大的市場建立基地製造汽車，1998年收購了勞斯萊斯集團，既獲得了勞斯萊斯汽車的命名權，也獲得了該品牌的所有權。如今，寶馬將繼續以增長技術和盈利能力為主要關注點展望未來。並聲稱到2020年計劃成為業內領先的豪華汽車製造商。

　　另一個發展重點是電氣化，藉BMW i3使寶馬邁出了關鍵的第一步，後續又推出了多款插電式混合動力車和多款電動車。如今寶馬已然擁有一批創新和優質的電動車，到2023年將擁有13款純電動汽車，預計到2025年將25％的寶馬汽車作為電動汽車交付，並計劃在未來10年內製造1000萬輛電動汽車。在開發氫動力方面，寶馬也推出BMW iX5 Hydrogen，他們相信使用可再生能源產生的氫氣將成為零排放車輛的另一種技術。

　　2021年寶馬向我們展示了新型概念車BMW i Vision Circular，RE:THINK、RE:DUCE、RE:USE和RE:CYCLE秉持著四大原則打造出的BMW i Vision Circular巧妙地使用二次材料、節能生產流程、智能技術和全新的汽車生產循環方法，其最大的特點在於採用

100％可回收並使用再生材質打造而成，當車輛使用壽命到盡頭時連電池也能100％回收再利用不會對地球造成汙染，也因此車名中有「Circular」這個字。

　　寶馬相信技術的創新和進步是面對未來的關鍵。從軟體到材料科學，再從數位化生產和供應鏈管理到人工智能和區塊鏈技術，將這些結合在一起創造出新的可持續的出行方式。如今循環性是一大挑戰，其實自2006年寶馬就已將每輛汽車的能量消耗降低了55％並依靠綠色電力實現可再生能源，到2030年的目標是每輛汽車每行駛一英里的二氧化碳排放量減半，並減少2億噸以上的二氧化碳排放；到2050年在整個價值鏈中實現二氧化碳中和。

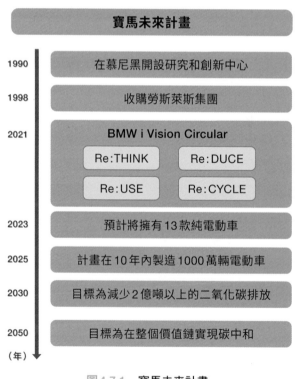

圖 4.7.1　寶馬未來計畫

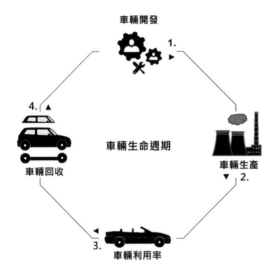

關鍵措施

1. —替代驅動概念
   —有效動力學
   —回收設計
   —生命週期工程

2. —供應商的可持續性標準
   —潔淨的生產
   —綠色物流概念

3. —節油駕駛概念
   —主動和被動安全
   —交通管理理念
   —移動服務
   —替代引擎

2. —回收系統
   —回收概念

圖 4.7.2　寶馬車輛可持續性計畫

4.8 日韓－現代汽車公司的戰略部署

　　首爾，2022年1月25日－現代汽車公司在這天公布了2021年第四季度的業績。該公司2021年在全球市場售出3,890,726輛汽車，同比成長3.9％。年收入較2020年成長13.1％至117.6萬億韓元。第四季度收入同比成長6.1％至31.03萬億韓元，為2022年的正銷售成長鋪平了道路。第四季度，該公司在10月至12月期間在全球銷售了960,639台，同比下降15.7％。由於全球芯片短缺影響了全球大多數市場，韓國以外市場的銷量下降了17.2％至774,643台。韓國銷量下降8.9％至185,996輛。現代第四季度營業利潤同比成長21.9％至1.53萬億韓元，營業利潤率收於4.9％。在此期間，公司錄得淨利潤（包括非控股權益）7014億韓元。儘管在不利的經濟環境下銷量放緩，但運動休旅車（SUV）和美國公司捷尼賽斯（Genesis）豪華車型以及電動汽車的強勁銷售幫助提升了第四季度的收入。2021年，公司營業利潤成長至6.68萬億韓元，淨利潤（包括少數股東權益）為5.69萬億韓元。

　　現代汽車公司公布了一項戰略路線圖，以加速其電氣化雄心，同時為公司尋求可持續發展。總裁兼首席執行官和其他高管在2022年CEO投資者日虛擬論壇上向股東和投資者以及其他各種利益相關者介紹了該計畫，該公司還公布了到2030年要實現的銷售和財務業績目標。根據新計畫，該公司的目標是到2030年通過增加17款新BEV車型的陣容，到2030年將全球BEV年銷量提高到187萬輛，並確保全球市場份額的7％；現代車型為11個，捷尼賽

斯豪華品牌為6個。之前宣布的目標是到2025年達到560,000輛。本田預計電動汽車將占其總銷量的36％，擁有187萬輛BEV。

現代汽車（HYUNDAI）在2021年4月公布了電動汽車的中長期戰略，到2025年將推出12款以上的電動汽車，比上次公布的時間縮短了3年。現代將新電動汽車的開發和量產計畫提前3年是不尋常的。為了開發一款新車，現代汽車從規劃到量產，在4-5年內投入數十億韓元進行研發。但是，現代汽車在本次投資戰略公告中並未提高未來電動汽車銷量的目標。其目標是到2025年銷售100萬輛電動車型（包括HEV），實現10％的全球市場份額。在2021年，現代汽車以3.8％的全球電動汽車市場份額（中國除外）排名第5。現代汽車公司在德國的活動會上宣布了2045年實現碳中和的計畫，並宣布全面向電動汽車過渡。它宣布到2035年在歐洲和其他主要市場到2040年完成電氣化。現代的目標是到2030年將全球銷售的電動汽車比例提高到30％，到2040年提高到80％。捷尼賽斯還宣布將替換所有車型到2030年使用包括燃料電池電動車（FCEV）在內的電動汽車。

現代汽車集團戰略

2025 年	2030 年	2040 年
• 銷售 550000 輛電動車 • 推出電動車平台 E-GMP • 利用新平台打造 12 款 BEV 車型	• 擴大電動車銷售 • 地區：美國、歐洲、中國	• 在全球電動車市場占 8～10% • 支持印度、俄羅斯、巴西等國家電動車民主化

圖 4.8.1　現代汽車集團戰略

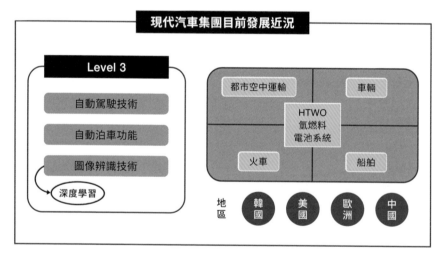

圖 4.8.2　現代汽車集團發展現況

4.9 日韓－本田電動垂直起降飛機與移動生態系統

　　過去，本田所擁有100多年的歷史，可能只是一家似乎一直在開發電動汽車的日本汽車製造商，無論是混合動力引擎的發布，都只是幾款車型。另外，它已經做了一段時間的市場，但今年之後不再那樣了，因為本田已經調整了自己的思維過程，準備好與業務一起前進，通過創新實現可持續發展。日本汽車製造商正在透過發布2030年願景進行重大改革，這是該行業如何在2050年之前生存的關鍵願景。

　　日本東京，2021年9月30日，本田汽車有限公司今天介紹了公司目前正在追求的技術發展方向，以應對本田在利用其核心技術的同時在新領域面臨的挑戰。這一方向將實現本田的2030願景，即以「擴展生活潛力的快樂」為全球人民服務。本田致力於為實現零環境影響和零交通事故的社會做出貢獻，並致力於使本田能夠在新領域迎接挑戰的新舉措。除了對先進的環境和安全技術進行研究外，在本田技術研發方面發揮著主導作用，正在對能夠通過以下方式為人們帶來新價值的技術進行開箱即用的研究，將移動的潛力擴展到第三維，然後是第四維，不受時間和空間的限制，最終進入外太空。這些新領域包括電動垂直起降飛機、旨在擴大人類能力範圍的虛擬化機器人以及外太空領域的新挑戰。

　　本田的電動垂直起降飛機（eVTOL）將電氣化用於其燃氣輪機混合動力裝置，採用混合動力裝置可擴展航程，這將使本田電動垂直起降飛機能夠提供城市間（城市到城市）運輸，其中市場未來規

模有望擴大，將打造以電動垂直起降飛機為核心，與地面移動產品相連接的新「移動生態系統」。除了電動化技術實現的清潔運行外，此技術憑藉其簡單的結構和分散式推進系統實現了與商用客機同等水平的安全性，以及由於轉子直徑較小而實現的安靜性，這使得該技術可以在城市中心起飛和降落而不會產生噪音問題。由於這些特點，電動垂直起降飛機的開發競賽愈來愈激烈，然而，純電動垂直起降飛機由於電池容量有限而面臨航程問題，因此實際使用區域僅限於市內運輸。為解決這個問題，實現更遠距離的人性化城際交通，本田將利用其電氣化技術，開發配備燃氣輪機混合動力單元的本田電動垂直起降飛機。此外，除了電氣化技術，本田還將採用燃燒、空氣動力學和控制技術等多個不同領域積累的技術。本田將通過建立電動垂直起降飛機的飛行器為核心，與地面機動性相協調、融合的「移動生態系統」，努力為人們創造新的價值。

圖4.9.1　本田的2030年願景

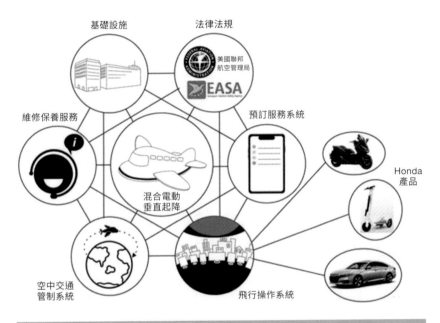

基礎設施　　法律法規
美國聯邦航空管理局
EASA
維修保養服務
預訂服務系統
混合電動垂直起降
Honda產品
空中交通管制系統
飛行操作系統

利用MBSE（Model-Based System Engineering），通過明確周邊系統
和所有系統之間的相互關係，努力創建一個新的移動生態系統

圖4.9.2　本田的「移動生態系統」形象

4.10 日韓－豐田碳中和戰略與新商業戰術

　　在2021年12月14日，豐田汽車公司全球總裁豐田章男在日本舉行的媒體發布會上分享了他對未來的願景。以實現碳中和社會為目標，計劃到2030年將溫室氣體排放量比2019年的水平減少50%。豐田章男重申了他為全球盡可能多的客戶提供解決方案和選擇的承諾，除了繼續開發混合動力汽車（HEV）、插電式混合動力汽車（PHEV）和燃料電池電動汽車（FCEV），豐田還將擴大其純電動車（BEV）的供應範圍，為豐田提供安全、保障和便利和雷克薩斯客戶，並在簡報會上分享幾個目標，包括到2030年全球純電動汽車的年銷量將達到350萬輛；到2030年，豐田將在全球範圍內提供30款豐田和雷克薩斯品牌的BEV車型，而且還將推出更多車型；隨著全球純電動車陣容的擴大，豐田和雷克薩斯將在所有細分市場提供純電動車，包括轎車、運動休旅車、商用車和其他細分市場。為實現這些目標，豐田計畫在全球範圍內投資約700億美元用於電動車，從2022年到2030年，其中約350億美元將投資於純電動車。

　　隨著豐田汽車公司加強其電動汽車戰略，它提出了一種經過時間考驗的適合流媒體服務時代的商業模式：訂閱。該公司於4月12日宣布，其首款量產電動汽車bZ4X將於5月初在日本上市，但個人必須註冊一個名為KINTO的訂閱服務來推動新模式。該服務由Kinto Corp.運營，該公司是豐田於2019年成立的汽車「訂閱」服務公司，Kinto實際上是在租賃，因為「訂閱者」會定期租賃車輛。

豐田轉向該系統的原因之一是讓人們在經濟上能夠負擔得起駕駛其新型電動休旅車，因為駕駛員在購買電動汽車時仍然面臨著沉重的成本障礙。在計算訂閱費時，Kinto 等公司首先計算訂閱期結束時汽車的市場價格，然後它從汽車的當前價格中減去這個數字，並加上各種其他成本，再將該數字除以司機租用汽車的月數，這將是司機每月支付的固定價格。這樣，與購買車輛時不同，駕駛員可以事先知道他們將為駕駛租賃的汽車支付多少費用。

　　訂閱系統還旨在減輕電動汽車購買者對折舊的擔憂，電動汽車的電池在反覆充電後會隨著時間的推移而退化，從而縮短汽車在充滿電的電池下可以行駛的最大距離。這意味著，當電動汽車的車主想要出售它們時，他們可能會對所得到的價格感到失望。由於消費者花費大量資金購買電動汽車，如果他們最終必須以明顯更低的價格出售汽車，購買電動汽車的財務要求就更高了，訂閱系統消除了這個問題，因為司機可以在訂閱期結束時歸還汽車，此新商業戰略說不定是一個非常具有潛力的行銷模式。

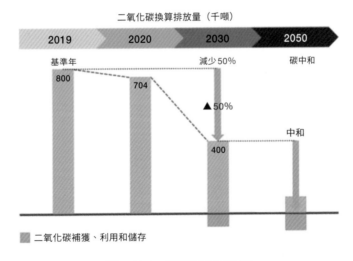

圖 4.10.1　**豐田碳中和目標**

圖 4.10.2　豐田汽車公司的電動汽車—bZ4X

（圖片取自：Alexander Migl / de.wikipedia.org）

CHAPTER 05

電動車革命

5.1 電子化

5.1.1 汽車電子的起源－電子管時代

　　電子管也稱為真空管，在 1883 年發明大王愛迪生在真空電燈泡內部碳絲附近安裝了一小截銅絲，希望銅絲能阻止碳絲蒸發，在這個小實驗中，他發現沒有連接在電路裡的銅絲，卻因接收到碳絲發射的熱電子產生了微弱的電流，並將這個反應命名為「愛迪生效應」，到了 1904 年，英國的物理學家約翰・弗萊明（John Fleming）應用了「愛迪生效應」發明了真空二極管（diode）。

　　真空二極管由陽極、陰極、燈絲、真空管組成，燈絲的作用是加熱由金屬組成的陰極，使其內部熱運動增強，加熱後金屬受溫度的影響下會有自由電子從其表面逸出，這現象叫電子的熱發射，受材質影響，熱發射電子的能力不同，在陽極施加正電壓後，陽極和陰極會形成電場，電場方向由陽極指向陰極，在電場力的作用下，陰極逸出的電子就會向陽極運動形成電流，電流方向和自由電子運動方向相反，由陽極指向陰極，當在陽極施加負電荷後會阻擋電子的運動，不會形成電流，這就是二極電子管的工作原理。

　　之後的幾十年間，電子管被不斷改良並發明出了許多種類，一開始被投入軍方武器上的應用，再後來才應用到汽車上，這也開啟了汽車電子管時代。到了 1924 年，第一台汽車收音機是由澳大利亞新南威爾斯州的凱利汽車公司安裝的，當時真空管體積大且需要由多個組裝在一起，所以收音機整體體積很大。1927 年，美國紐

約市場上出現了第一台汽車空調裝置，發展到具有加熱器、風機和空氣濾清器的完整供熱系統，在這些供熱系統的處理中都運用到真空管的影子，這些發明當時轟動了世界各國汽車製造商。1930年，美國的Galvin公司首次推出了汽車收音機，收音機品牌至今還是大家耳熟能詳的Motorola，不過當時的收音機依舊非常龐大；隨後的1932年，德國的Blaupunkt公司也推出了汽車收音機；在1933年，英國的汽車公司Crossley推出了搭載收音機的量產車。1939年，美國豪華汽車生產商Packard是第一個將空調裝置在汽車上的汽車製造商，1940年，汽車首次採用封閉式頭燈，到了1950年，汽油引擎開始採用噴射式燃料系統，同年，英國Rover公司使用氣渦輪引擎推動之實驗性汽車製作成功。

圖5.1.1.1　真空管實體照

（圖片取自：Sanyfu / zh.wikipedia.org）

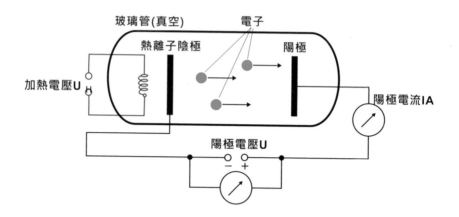

圖 5.1.1.2　真空二極管原理

電子管時代汽車電子	
1912	第一台電點火啟動器在凱迪拉克上使用
1921	點菸器
1924	第一台汽車收音機由凱利汽車公司安裝
1927	加熱空調、風機和空氣濾清器的完整供熱系統
1930 - 1933	美國、英國、德國推出汽車收音機
1939	Packard 將空調裝置在汽車上
1940	汽車首次採用封閉式頭燈
1950	汽油引擎開始使用噴射式燃料系統

表 5.1.1.1　電子管時代汽車電子發展

5.1.2 汽車電子的進步－電晶體時代

在1947年由美國物理學家約翰・巴丁和華特・布拉頓發明了20世紀最重要的東西－電晶體，電晶體（transistor）又稱為晶體管，相較於真空管，電晶體體積更小，構造也更簡單，且能進行擴大功率、穩定電壓、信號調製等工作，在應用上比真空管更加靈活與安全，電晶體的發明也讓汽車電子取代了電子管並迎來了電晶體時代。

雙極性電晶體結構分成兩種，二層N型半導體的中間夾以一層很薄的P型半導體，即成NPN型電晶體，或二層P型半導體的中間夾以一層很薄的N型半導體，即成PNP型電晶體。將三層都分別接線成為電極，中間一片稱為基極（base,B），另兩極分別稱為射極（emitter,E）及集極（collector,C）。射極能發射多數載體，基極可控制流向集極之多數載體的數量，集極則能收集射極發射的多數載體，NPN型為射極之箭頭向外，PNP型為射極之箭頭向內。雙極性電晶體有兩個接面，基－射極接面（B-E）及基－集極接面（B-C），由接面受偏壓的不同可得到三種工作模式，如表所示。在主動區內可將電晶體視為放大器的效果，在截止區內的電晶體像是一個切斷（OFF）的開關，在飽和區內的電晶體像是一個閉合（ON）的開關。

1955年克萊斯勒公司和菲爾科聯合推出了世界上第一台全晶體管汽車收音機，在當時此收音機的價格為150美元，是很驚人的高價。1967年德國公司博世（Bosch）開發電晶體控制之汽油噴射裝置（D-Jetronic），積體電路（IC）調整器逐漸成為主流，讓點火系統的提前反應迅速，能供電壓提高，尤其是高轉速時能供電壓高，不會有漏火情形，且能適應高轉速、高制動力、低汙染的引擎需求。

	電晶體	真空管
體積	小	大
成本	便宜	昂貴
工作電壓	低	高
功率消耗	低	高
效率	高	低
壽命	長	短

表 5.1.2.1　電晶體和真空管比較

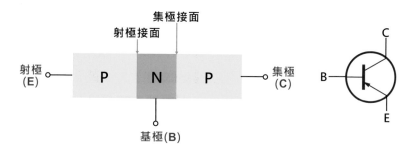

圖 5.1.2.1　PNP 型雙極性電晶體結構和符號

電晶體時代汽車電子	
1955	全晶體管汽車收音機
1960	電動車窗
1962	半電晶體式點火裝置
1964	全電晶體點火裝置
1967	自動車速控制
1967	電晶體控制之汽油噴射裝置
1968	電子控制防滑裝置
1968	電晶體式自動變速箱

表 5.1.2.2　電晶體時代汽車電子發展

5.1.3 汽車電子系統化－電腦時代（一）

　　到了 1970 年代，電晶體大量生產之後，半導體元件如二極體、雙極性電晶體等被大量使用，也隨著半導體製造技術進步，積體電路可以把大量微電晶體整合到一個小晶片，使控制器體積更小和功能更加強大等優點，也因積體電路的發展，帶動了汽車電子的電腦時代，第一代車用電腦應用於燃油噴射系統上，當時的控制器是 ECU（Electronic Control Unit）也稱為電子控制單元。

　　電子控制單元是汽車電子系統中用來控制電子系統及汽車子系統的嵌入式系統，通常指發動機控制元件。電子控制單元的硬體由中央處理器（CPU）、存儲器（ROM、RAM）、輸入／輸出接口（I／O）、轉換器（A／D）等大規模積體電路組成，中央處理器是最核心的部分，控制所有其他的驅動芯片和管理所有的存儲設備，使各個功能有序執行，軟體分為應用層和底層兩塊。舉例來說，一個溫度傳感器當感知到溫度，最原始的信號可能表現為電壓形式，也就是硬體只能提供電壓的變化，這時的底層就會得到這個電壓訊號，並且將這個電壓訊號轉為數字訊號，再轉為溫度值，這個過程叫模數轉換（ADC），應用層得到溫度值去解決問題，比如根據溫度值去調整噴油量，來獲得更優的油耗值。現代配備電子控制單元的汽車有一個最基本的功能，在汽車某個部件發生故障時，控制器的存儲器裡就自動產生一個故障碼，同時在汽車的儀表盤上顯示出來，例如圖 5.1.3.2 所示，車主在發現異常後就可立即去維修店檢查問題並維修。

　　1968 年福斯汽車（Volkswagen）推出了第一款車用電腦控制燃油噴射系統，由德國的博世公司（Bosch）製造電晶體模塊，做為當時車用電腦的控制晶片。在美國，全球定位系統（GPS）其實在

1980年代就已經出現，但因全球定位系統受到軍方衛星干擾導致準確度很差，直到2000年美國總統才簽署一項法案，命令軍方停止擾亂民眾使用的衛星信號，使得全球定位系統準確性提高了10倍，車用全球定位系統也有了很大的進展，在1995年推出了第一款有全球定位系統導航系統的量產車。1996年美國英特爾（Intel）公司、瑞典愛立信公司（Ericsson）和芬蘭的諾基亞（Nokia）三間公司共同規劃短距離無線電技術的標準化，來支持不同產品和行業之間的連接和同步，藍芽技術因此被開發出來，並於2001年應用於車子上。

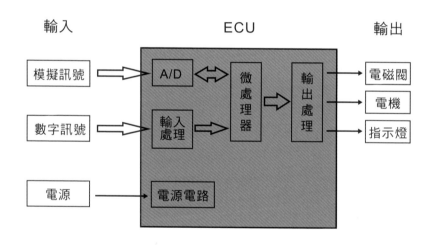

圖5.1.3.1　ECU組成

圖5.1.3.2　**儀表板顯示異常**

（圖片來源：https://www.electricaltechnology.org）

電腦時代汽車電子	
1968	燃油噴射控制
1969	間歇性擋風玻璃雨刷器
1969	防滑系統
1974	儀表板顯示
1988	安全氣囊
1992	電磁停車傳感器
1994	車載診斷
1995	GPS
2001	藍芽
2004	自動停車系統

表5.1.3.1　**電腦時代汽車電子發展年分**

5.1.4　汽車電子系統化－電腦時代（二）

　　在電子控制單元（ECU）用於燃油噴射系統上大獲成功時，許多其他的車輛控制系統被相繼開發出來，直到今日，車輛功能與系統都比以往更複雜也更多元，現在一輛普通的汽車就有30到50台不同的車用電腦，而高價的汽車或電動車可能多達100台以上，就是為了能增加車輛的舒適性、娛樂性與安全性。對車輛的舒適性和安全性快速增長的需求，讓車輛系統架構愈來愈多元，需求量也在不斷增加。

　　車輛的安全性就不得不提到車身控制系統（body control module,BCM），車身控制系統是一個支持多種功能的電子元件，它是一個綜合系統，能將車輛所有電子模組的工作進行通訊和集成，它還可以管理電力的流動，使車輛在同時執行多種功能時不會負擔過重。BCM能從輸入端的設備接收數據並根據該數據控制輸出端的設備，例如，當按下車窗開關時，電池會向車身控制系統供電，使電機旋轉並控制車窗打開或關起來。另外像防盜器、駕駛輔助系統、以及確保電氣負載的安全、測試和控制，空調系統、鎖定系統和擋風玻璃雨刷器等，還有很多的控制功能需要車身控制系統來執行。

　　電動汽車使用可充電電池組運行，電池組由多個串聯和並聯排列的電池模塊組成，這些電池組能產生數百伏的電力，車內的大部分設備都需要它們提供能量，所以電池管理系統（Battery Management System,BMS）成為保護與監控電池狀態的關鍵。電池管理系統是一個嵌入式系統，監控和調節電池充電和放電的電子控制電路，要監控電池的狀態包括檢測電池類型、電壓、溫度、容量、充電狀態、功耗、剩餘工作時間、充電週期以及更多特性。目

前大多數電動汽車由高電荷密度的鋰離子電池提供動力，電池組雖然不是很大但可能非常不穩定，因此在任何時候都不應過度充電或深度放電，否則會導致熱失控使電池溫度升高，損害電池壽命與容量，為避免不會發生這種情況，電池管理系統的任務能確保電池能量的最佳利用，監控其電壓和電流，讓電池不會出現電壓波動或電壓不平衡的問題，防止任何超出其安全限制的操作。

電子控制單元（ECU）	通用電子器（GEM）
車身控制器（BCM）	懸吊控制器（SCM）
傳動系統控制器（TCM）	動力總成控制器（PCM）
中央控制器（CCM）	電池管理系統（BMS）
中央計時器（CTM）	車門控制器（DCU）
電子輔助轉向控制器（PSCU）	用戶介面（HMI）

表5.1.4.1　現代車用電子系統

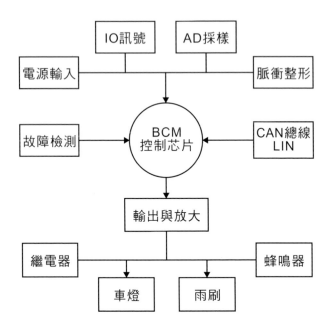

圖 5.1.4.1　車身控制系統原理圖

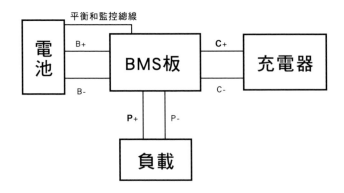

圖 5.1.4.2　電池管理系統原理圖

5.1.5　汽車電子 AI 化－半導體時代（一）

　　到了 21 世紀，汽車走向電動化、自動化與智慧化，大幅提升對於車用半導體與車用電子需求，並隨著特斯拉在全球大獲成功時，電動車以極快的速度進入大家的視野，各個車場都在想盡辦法開發車輛更多的電子功能、人工智慧（AI）和自動駕駛，如今汽車可能有 8,000 個或更多的半導體芯片和 100 多個電子控制單元，目前占汽車總成本的 35％以上－預計到 2030 年，這個數字將增加到50％，而因半導體晶片供不應求，導致 2021 年全球因半導體芯片短缺損失 1130 萬台車輛產量，2022 年可能再損失 700 萬台。

　　電晶體都有用半導體的技術，如今已經發展到第三代半導體，而第一、二代半導體體材料領域中，第一代半導體是矽（Si）、第二代半導體是砷化鎵（GaAs）、第三代半導體則是碳化矽（SiC）和氮化鎵（GaN），第一、二代半導體的矽與砷化鎵屬於低能隙材料，數值分別為 1.13eV 和 1.44eV，第三代半導體的能隙，碳化矽和氮化鎵分別達到 3.2eV、3.4eV，因此當遇到高溫、高壓、高電流時，跟一、二代比起來，第三代半導體不會輕易從絕緣變成導電，特性更穩定，能源轉換也更好，在高頻狀態下仍可以維持優異的效能和穩定度，同時擁有開關速度快、尺寸小、散熱迅速等特性，有助於簡化周邊電路設計，進而減少模組及冷卻系統的體積。

　　隨著 5G 和電動車時代來臨，科技產品對於高頻、高速運算、高速充電的需求上升，矽與砷化鎵的溫度、頻率、功率已達極限，難以提升電量和速度；一旦操作溫度超過 100 度時，前兩代產品更容易故障，因此無法應用在更嚴苛的環境；再加上全球開始重視碳排放問題，因此高效能、低損耗的第三代半導體成為當今的主角。第三代半導體的材料－碳化矽和氮化鎵，這兩種材料的應用不同，

目前氮化鎵元件常用於電壓900V以下之領域，例如充電器、基地台、5G通訊相關等高頻產品，碳化矽則是電壓大於1200V，是電動車相關應用的首選，且低耗損、高功率的特性，適合高壓、大電流的應用，現今電動車的電池動力系統主要是200V～450V，更高階的車款將朝800V發展，這將是碳化矽的主力市場。

分類	第一代半導體	第二代半導體	第三代半導體
材料	矽（Si）、鍺（Ge）	鉀化鎵（GaAs）、磷化銦（InP）	氮化鎵（GaN）、碳化矽（SiC）
特性	在能量轉換和高頻訊號的效率上不如第三代半導體	高頻訊號處理更快，能轉換成雷射等光源	能承受高電壓，電源轉換和高頻傳輸效率更高
應用	邏輯閘、邏輯晶片等	手機、雷射、人臉辨識、光纖傳輸等	車用二極體、5G、馬達控制器、電力控制系統

表 5.1.5.1　一到三代半導體

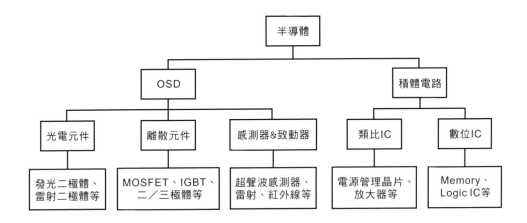

圖5.1.5.1　車用半導體分類

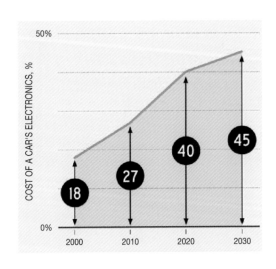

圖5.1.5.2　電子化占車輛總成本

（圖片來源：https://www.caranddriver.com/features）

5.1.6　汽車電子 AI 化－半導體時代（二）

　　半導體製造也稱為晶圓加工（Wafer fabrication），晶圓加工的上游產業包括產品設計、晶圓製造以及光罩製造等，下游產業更為龐大，包括封裝、測試、包裝，以及週邊的導線架製造、電路板製造等。半導體技術發展的除了改善性能如速度、能量的消耗與可靠性外，最重要的就是降低製作成本，如果能在晶片內產出更多積體電路（IC），成本也會下降，所以半導體技術的發展趨勢就是把電晶體微小化。

　　晶圓製造的第一步是把矽提煉出來，純度可達到近乎 100％，並將提煉出來的矽排列成單結晶構造，再放入坩堝內加溫融化並旋轉，最後被拉引成表面粗糙的圓柱狀結晶棒，從坩堝中拉出的晶柱，表面並不平整，必須經過磨具的加工以及邊緣研磨來防止邊緣崩壞和應力集中等問題，再以化學溶液蝕刻去除切削痕跡，進行表面拋光使晶圓像鏡面一樣平滑以利後續製程，以乾淨無汙染的清洗液與超音波震動除去晶片表面的所有汙染物質，在無塵環境中進行嚴格的檢查，包括表面的潔淨度、平坦度等各項規格以確保品質符合顧客的要求。

　　晶圓處理的第一步是先清洗完晶圓後送到熱爐管內，在含氧的環境中以加熱氧化的方式在晶圓的表面形成二氧化矽層，再讓氮化矽層以化學氣沉積的方式沉積在二氧化矽上，再讓晶圓進行微影的製程。微影的製程上，會先將晶圓塗上一層光阻，再將光罩上的圖案移轉到光阻上面，利用蝕刻技術將部分未被光阻保護的氮化矽層加以除去，剩下的就是需要的部分，再把光阻劑去除，依光罩的設計圖案在晶圓上完成，接著進行金屬化製程，製作金屬導線以便將各個電晶體與元件連接，在每一道步驟加工後都必須進行一些電性

和物理特性量測以檢驗是否符合規格，最後加工完成的產品要進行晶圓針測。

　　晶圓針測的目的是對晶片做電性功能測試，此測試能先過濾出電性不良的晶片讓積體電路在進入封裝前避免不良品增加製造成本。封裝的目的主要有電力傳送、訊號輸送、熱的去除與電路保護等，封裝的另一功能，是藉由封裝材料的導熱功能，將電子於線路間傳遞產生的熱量去除來避免積體電路晶片因過熱而毀損，封裝能提供適當的保護並對易碎的晶片提供足夠的機械強度。最後經過製成測試完成後，就能出貨運送了。

晶圓製造	長晶、切片、邊緣研磨、蝕刻、退火、拋光、洗淨、檢測、包裝
晶圓處理	黃光、蝕刻、擴散、真空
晶圓針測	分類、雷射修補、加溫
封裝製程	切割、黏晶、銲線、封膠、印字、成行、檢驗

表5.1.6.1　半導體製程程序

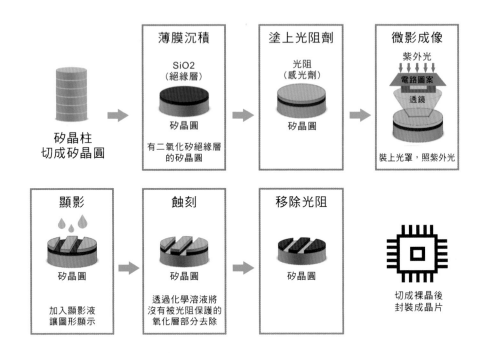

圖 5.1.6.1　半導體製程

年分	半導體奈米製程
2004～2006	90nm～65nm
2008～2010	45nm～32nm
2010～2014	28nm～16nm
2014～2017	14nm～10nm
2017～2020	7nm～3nm

表 5.1.6.2　半導體奈米製程發展

5.1.7 車輛電子化的應用（一）逆變器、整流器和轉換器

　　電動車是能使用燃料電池、電力電池和超級電容器等組合而成的電力來驅動車輛，在電動車中由許多個電力設備輔助和電子元件互相合作才能完成轉換、儲存、傳送電力的工作，因為車輛大小和安全因素的限制，電子設備都必須符合重量輕、體積小、效率高、電磁干擾低等要求，從而可以降低成本、質量和體積，並且可以獲得更好的性能。

　　電動車的電池提供直流電壓，但在車輛裡的其他電力系統中，有很多都需由交流電來啟動，因此需要把電池提供的直流電轉換成交流電，而逆變器就是能將直流電轉換成交流電的常見車輛電氣設備。在逆變器裡，最重要的電子元件莫過於絕緣柵雙極電晶體（IGBT）和金氧半場效電晶體（MOSFET），它們可以控制電機的速度、扭矩大小和方向，並通過迴路來精確匹配所需的負載，所以能最大限度地減少損耗並允許高頻率下的工作，也有利於馬達降噪和高速運轉的穩定性。

　　電動車的電池是直流電，所以當要用家用電替電動車充電時，必須先把交流電轉換成直流電，而整流器就是能將交流電轉換成直流電的電氣設備，整流器的使用半導體元件僅在單一方向上傳導電流，例如二極管，更複雜的半導體整流器包括可控矽整流器（SCR）和絕緣柵雙極電晶體，用少量的電壓就能控制較大的電壓和電流，能有效提高效率、降低噪聲或充當功率控制。

　　提到整流器，就不能不提到時常與之配合的轉換器，而轉換器是直流電轉直流電的電器設備，而轉換器由電感、電容、絕緣柵雙極電晶體等電子元件組成，在電動車裡，直流功率放大器能將車用高壓電池200伏到800伏的直流電轉換成48伏或12伏的直流電壓，

為前燈、車內燈、雨刮器和車窗電機、風扇、泵和電動車內的其他系統供電，而某些負載可能需要12.5伏至15.5伏的範圍，而動力轉向系統又需要42伏的功率輸出範圍，所以轉換器必須要有能快速調變電壓大小、低損耗、高效率、小體積和輕重量等特點。

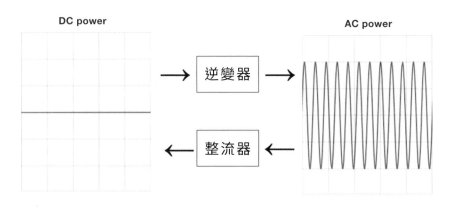

圖 5.1.7.1　逆變器和整流器

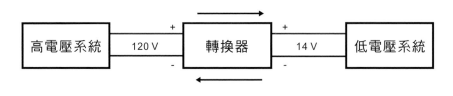

圖 5.1.7.2　轉換器

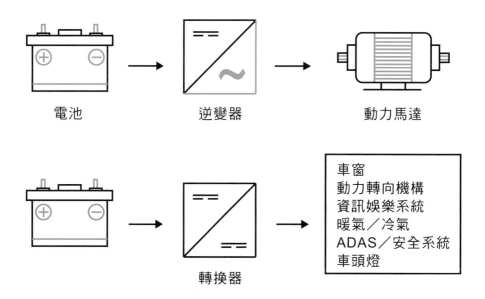

電池   逆變器   動力馬達

轉換器

車窗
動力轉向機構
資訊娛樂系統
暖氣／冷氣
ADAS／安全系統
車頭燈

圖5.1.7.3 電池電流經逆變器或轉換器再給不同電器

5.1.8　車輛電子化的應用（二）充電系統

　　在過去的十年中，電動車發展非常快速，其中電池的充電系統成為一大關鍵，若充電系統出問題，會導致配電網出現重大故障、電路損壞、電池壽命減少、電氣電流出現失真與異常等問題。在充電系統中分為直流充電跟交流充電，不管使用交流充電站還是直流充電站，電動汽車的電池仍然只存儲直流電，兩者主要的區別在於從交流到直流的轉換發生的位置，如此重要的充電系統架構長怎樣呢？

　　使用交流充電時，充電器向電動汽車輸入交流電，經過整流器將輸入的交流電轉換成直流電，並送至直流對直流的轉換器，轉換成輸出電壓的直流電源，此轉換器又稱為諧振轉換器（LLC）。諧振型轉換器主要的作用是偵測電流大小並得到諧振頻率，藉由調整交流對直流轉換器的直流輸出電壓，以控制諧振型轉換器的切換頻率提高效率。諧振型轉換器能允許更高的開關頻率並降低開關損耗，所以諧振轉換器非常適用於電動汽車的充電系統。再將諧振轉換器輸出的電流給電池供電。使用交流充電站時，電動車內部通過車載充電器轉換為直流通常是有限的，所以充電時間比直流充電還久。

　　當使用直流充電時，交流電轉換到直流電的過程會發生在充電站內，由於轉換過程發生在更寬敞的充電站內而不是電動汽車內，所以不需要車載充電器來轉換，因此可以使用更大的轉換器非常快速地轉換交流電，而轉換後的直流電允許從充電站直接流入電池，因此一些直流站可以提供高達 350 千瓦（KW）的電力並在 15 分鐘內為電動車充滿電。

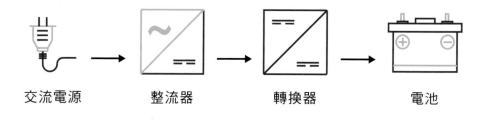

交流電源　　　　整流器　　　　轉換器　　　　電池

圖 5.1.8.1　交流充電系統架構圖

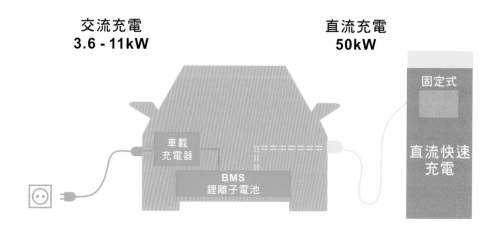

交流充電
3.6 - 11kW

直流充電
50kW

固定式

直流快速
充電

車載
充電器

BMS
鋰離子電池

圖 5.1.8.2　交直流充電系統圖

5.1.9　車輛電子化的應用（三）加熱系統

　　隨著氣候變化愈來愈劇烈、氣候愈加不穩定，而在歐洲、北美洲緯度較高的國家，冬天時常都是零下20幾度，為了因應這種極端氣候，電動車也逐漸重視加熱系統的發展，加熱系統不僅是對於車內溫度的控制，也能對電氣系統進行升溫或降溫，舉例來說，若電池溫度過低要如何把溫度升高，過程是怎麼運作的呢？

　　電動車的電池具有理想工作溫度，與較熱的溫度相比，較冷的溫度會導致電池更快失去電力，此外，也會降低電池的功率輸出，並可能縮短電池的使用壽命。以特斯拉（Tesla）為例，特斯拉有一個為車輛提供動力的電磁鐵系統，由於沒有使用汽油，所以特斯拉是透過電氣系統供電的，在2020年前的特斯拉在Model 3、Model S和Model X中使用電阻加熱系統，電力通過電阻加熱元件傳送有助於加熱車內溫度，且電阻加熱系統被認為是幾乎100％的效率，但電阻加熱系統的主要缺點是能量消耗過度，尤其在寒冷的天氣裡，加熱器會消耗更多的功率，以至於汽車的續航里程會顯著降低並給電池帶來壓力，故可以實現的車輛應用範圍不多。

　　特斯拉的Model Y配備了熱泵，熱泵能將熱能從熱源轉移到蓄熱器中，若要讓車內溫度降低，會將熱量集中在一個區域內使用製冷劑後再排放到車外，若要讓車內溫度升高，與讓車內溫度降低的方法不同的是它有一個反向閥將熱空氣移回車內。即使電阻加熱系統的效率是100％，熱泵甚至更好，因為它本身不會產生熱量，甚至可以在攝氏負20度下工作，且熱泵每1千瓦（KW）電能還可以產生3千瓦的熱能，從而使效率達到300％，由於熱泵使用的能量更少，因此可以實現更多的車輛應用範圍。

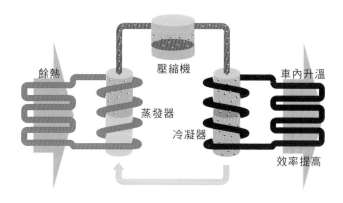

圖 5.1.9.1　熱泵系統運作原理

空氣源熱泵運作原理

夏天　　　　　　　　　　　　冬天

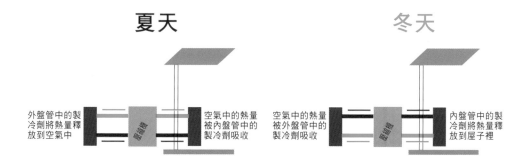

圖 5.1.9.2　升溫與降溫的運作

加熱系統	能量消耗	效率
電阻	1.6KW	100%
熱泵	0.8KW	300%

表 5.1.9.1　加熱系統比較

5.2 自動駕駛

5.2.1 車輛與電腦的結合

　　1967年德國的博世（Bosch）公司開發了電子燃油噴射系統（D-jetronic），被公認為是第一個成功與現代電子系統結合的先驅，用電子設備的結合取代機械系統並通過感測器量測，如冷卻系統感測器、發動機轉速感測器、歧管壓力感測器、油門加速感測器，並把感測器的數據傳給電子控制單元（ECU），在當時由電晶體、二極管、電容器和電阻器組成，沒有微處理器、邏輯閘等做運算，只做最簡單的節氣閥開關控制讓引擎自動控制燃油量和空氣比。直到電子燃油噴射系統的出現，讓世界各地汽車製造商重視起用電子化系統取代傳統的機械系統，從此開啟了車輛自動化發展的時代。

　　中央處理器（CPU）在1970年代中後期開始普及，主要功用是解釋電腦指令以及處理電腦軟體中的資料，中央處理器由多個獨立單元構成，後來發展出由積體電路製造的中央處理器，這些高度收縮的元件就是所謂的微處理器，不僅讓車用電子應用的成本降低，也讓其商品化更有可行性。隨機存取記憶體（RAM）和唯讀記憶體（ROM）也融入了電子控制單元的設計內，讓資料得以儲存在電腦內和可以任意寫入和讀出，關掉電源後，資料還會保存在唯讀記憶體裡不會消失，這項設計對車輛系統的自我診斷有很大的進展。車輛控制逐漸走向電腦化發展，許多車種已普遍使用微電腦做引擎控制，電子控制的點火及油料噴射系統讓汽車設計者在設計

時可以符合燃料效率及低排放的需求，並且維持駕駛者對性能及駕車便利性的要求，並利用多種感知器如節氣閥感知器、車速感知器、水溫感知器、冷氣開關、怠速開關等資料送到微電腦，電腦會根據資料命令噴油器、點火線圈等做適當的運作發揮最佳功能和減少汙染。

　　豐田公司於1980年推出了電腦控制系統（CCS），能控制引擎、傳動系統和剎車系統，並有了最簡單的自我診斷裝置，點火時間依據車速、吸入空氣量及引擎溫度等指令輸入電腦得到瞬間最佳點火時間並存於記憶體中，由分電盤之信號和引擎轉速來控制點火時間。引擎運轉時，電腦還能依據水溫、進氣溫度、變速箱檔位等條件來讓引擎怠速能固定於設定之目標轉速，而目標怠速轉速之資料已預先儲存於電腦中。

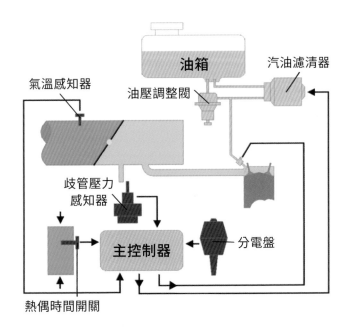

圖 5.2.1.1　D-jetronic 系統

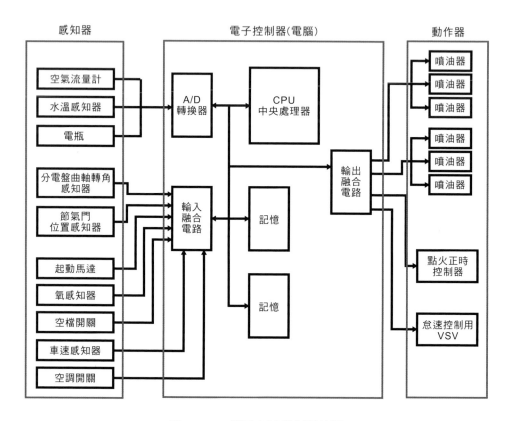

圖 5.2.1.2　豐田 CCS 控制系統圖

5.2.2　車載網路和外部感測器的加入

　　隨著愈來愈多的電子設備使用於車輛中，使得車內的布線系統和連接方式愈來愈複雜，為解決這個問題，博世（Bosch）公司在1986年開發了車用控制區域網路（CAN），車用控制區域網路是一種電子通訊系統，可以在車輛控制系統中準確和高效地傳輸訊號，它就像是汽車的中樞神經可幫助多個設備互相傳輸訊號，在網路總線系統的幫助下，只需將電子控制單元（ECU）連接到總線就可以輕鬆地相互通信，這樣的優點是可以僅有一個傳輸接口來傳輸不同系統中每個設備的數據和數字輸入，大幅降低了車內電子設備的複雜度和數量、汽車的成本及重量。1995年，寶馬（BMW）的車款用了車用控制區域網路連接了五個電子控制單元，分別控制排檔系統、車輛故障、動力系統控制、引擎管理指示燈等。車用控制區域網路用於自動駕駛汽車的開發，從所有電子控制傳感器收集數據並將其整合到一個網絡中，通過將數據收集到一個統一的結構中，整個系統控制器可以輕鬆地做出同時影響多個子系統的決策，此集成開發對於確保自動駕駛汽車功能執行和行駛的安全性至關重要。

　　感測器能感知車內任何地方的設備運作狀況，隨時監控車內的變化，而隨著攝像機（Camera）、超音波（Ultrasound）、雷達（Radar）於1990年代開始運用於車輛中，使得車子也能感知到外面的環境，其實在1960年代就有提出使用雷達和攝像機的概念車，但受限於當時的技術並未能實現其應用。1991年，日本的豐田（Toyota）為第一款配備倒車攝像系統的量產車，當時的攝像機只有一個來輔助倒車攝像，但也能很好地把倒車攝像顯示在監視螢幕上讓駕駛更好地了解後方環境。1999年，豐田開發了第一款量

產的自動泊車系統（IPAS），使用車用電腦處理車輛的超音波警告系統、倒車攝像頭和前擋泥板上的兩個傳感器，傳感器與中央處理器（CPU）相連，並與倒車攝像頭系統集成，位於前後保險槓上的多個傳感器可檢測障礙物，讓車輛在泊車時發出警告並計算最佳轉向角為駕駛員提供停車訊息，該系統早期版本無法檢測物體，且會受到周圍空間大小的限制，在後續的幾年裡改良和增加感測器的集成再透過彩色螢幕顯示空間是否受限，此系統才算真正完成。

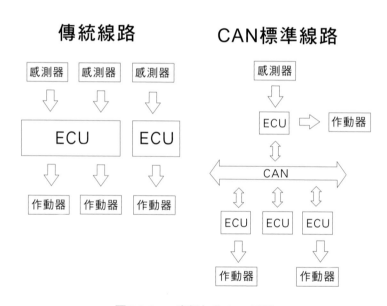

圖 5.2.2.1　車輛加入 CAN 系統

圖 5.2.2.2　倒車攝像系統

5.2.3 車輛物聯網的發展

　　在1980年代，網路第一代行動通訊技術（1G）被發明出來，但當時最高傳輸速度僅有14千位元速率（Kbps），並未被運用於車輛技術上。到1993年，才開始推出第二代行動通訊技術（2G），透過基地收發站接收網路，速率從幾40Kbps到200Kbps不等，當時能提供語音通話、簡單的數字傳輸和將電子郵件發送到手機，這也是第一次實現人機連接，而從來沒人想過網路的發展能如此快速，過不了幾年，就推進到第三代行動通訊技術（3G）。

　　3G有效地將2G和遠程訊息處理技術結合，強調多樣性的行車通訊機制為主，並提高了數據傳輸速率和頻寬，支持多媒體服務、流媒體、便攜性和允許接收／發送大型電子郵件，能接收全球定位系統（GPS）數據來定位車輛位置，雖然3G對於任何車載硬體系統的數據運算和傳輸速度都還是非常有限，但也為車用網路技術帶來很大的進展。4G基於多輸入多輸出（MIMO）的技術於2009年左右推出，多輸入多輸出技術是用於無線通訊天線的技術，在發射源和接收源都使用多個天線，天線組合在一起以提供數據速度優化和減少錯誤，目標是提供高速、容量和質量，同時提高安全性並降低成本，另外，4G與全球定位系統相結合，可以收集更多的車輛數據用於遠程監控和診斷，通過將此類技術與移動資源管理平台，可以監控和控制各種參數包括車輛的狀態、位置和速度，從而提高成本效率和性能，也能通過和雲端系統的連結來獲取資訊。

　　到了2012年，物聯網實現了車輛上的應用，物聯網將互聯網、設備和人連接在一起，並透過各種訊息傳感器、射頻識別技術、全球定位系統等設備和技術，對任何需要監控和連接的對像進行互動或交流，從而實現物與人之間無所不在的連接，透過各種可

能的網路訪問識別和管理，實現對事物和過程的智能感知。物聯網
是基於互聯網和傳統電信網路的訊息載體。該系統還提供基於距離
檢測的自適應巡航控制系統，同時如果相鄰車輛檢測到的距離小於
安全距離，系統會發出聲光警報，為實現智能監控和遠程智能識別
奠定了基礎。

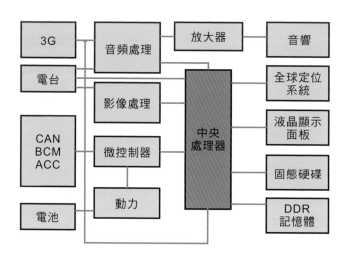

圖 5.2.3.1　車輛 3G 技術

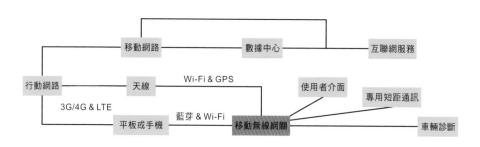

圖 5.2.3.2　車輛物聯網

5.2.4　如今的自動駕駛技術

　　近年來，高級駕駛輔助系統（ADAS）是車輛開發上的重點，它是輔助駕駛員的先進技術電子系統，主要作用是輔助駕駛人行車上的安全來減少車禍發生，以預防死亡和傷害的重要輔助駕駛系統，例如車道偏離警告系統、自適應巡航控制、自動泊車等，使用車輛中的外部感測器來感知周圍環境，然後向駕駛員提供訊息或根據其感知採取自動行動，為因應此技術，感測器的融合尤為重要，傳感器融合是從雷達、激光雷達、攝像頭和超音波傳感器共同輸入數據以解釋環境條件，實現檢測確定性的過程，讓不同感測器的優缺點互相彌補，使檢測出來的數據更加精準，如今，自動駕駛系統使用機器學習來處理感測器的數據來了解周圍環境，並預測可能干預路線的可能變化，機器學習也可用於獲得其他車載設備的數據，例如電機溫度、電池電量和油壓等變量數據被傳送到系統，在系統中進行分析並檢測電機性能和車輛健康狀況，提醒系統及其所有者顯示潛在故障，確保它們的故障不會導致事故。

　　如今的第五代行動通訊技術（5G）比第四代（4G）傳輸速度足足快了100倍，每秒速度可高達10Gbps，且5G的延遲僅1毫秒，與網路功能虛擬（NFV）和軟件定義網路（SDN）相結合，創建了一個更加靈活的網路，可以經濟地支持更多以前無法實現的聯網和自動駕駛功能，然而4G遠未過時，即使5G全面推出，許多車載功能仍將繼續依賴4G電信，允許汽車像智能手機一樣在4G和5G網路之間切換。

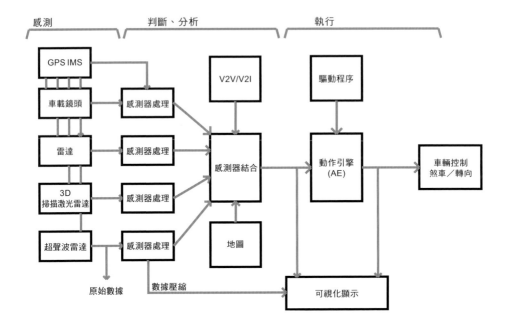

圖 5.2.4.1　高級駕駛輔助系統控制

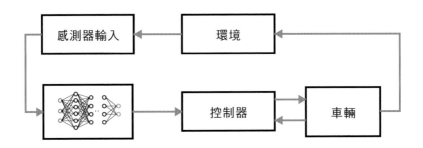

圖 5.2.4.2　機器學習數據處理

5.2.5　如何才能實現無人駕駛技術？

　　看來離真正的自動駕駛還有很長一段路要走，如今的自動駕駛技術正在從第二級進展到第三級的過程中，當今最需突破的是外部感測器的進步，必須提高車輛感應外部的準確性、靈活性、辨識性和距離，提高行人以及行車環境的安全再來解決接下來的問題，目前發展的光達系統會發出紅外光，並測量光從物體反彈回傳感器所需的時間從而創建三維地圖，與雷達和攝像頭相比，光達技術提供了更多的深度和細節，但會受光線和環境的限制，且價格相當昂貴。雖然感測器的融合或多或少能彌補各自外部感測器的缺點，但要達到完全沒有意外發生，技術上還需要突破，但大家普遍相信光達比攝像頭或雷達都還更具發展性，再與高級駕駛輔助系統（ADAS）技術結合，對於行車安全與系統發展有很大的貢獻。

　　電池可以占電動汽車成本的一半，而電池技術追求的無疑是更長的續航里程、更快的充電速度、更少的續航里程退化和更低的價格。特斯拉的新型4680電池聲稱透過更大的尺寸和最先進的工程技術節省成本，可以將續航里程提高54％，更多的活性電池材料空間和更少的外殼等浪費，但較大的電池尺寸往往會有過熱的問題，這也是特斯拉不得不克服的技術問題。

　　半導體產業因電動車的潮流已然成為當今最受重視的科技，最值得注意的是該行業已經受益於對幾種新興技術的更多和更高價值的半導體元件的需求，如今，汽車可能有8,000個或更多的半導體芯片和100多個電子控制單元，不管是自適應巡航控制和車道偏離等輔助駕駛功能都需要隨時保持準確性和敏感性，與半導體的持續進步脫不了關係。物聯網設備的快速增長與網路技術的發展若能與半導體技術有很好的結合，讓網路速度能更快速並實現車輛物聯網

與世界上的任何事物都沒有距離，特別是物聯網微控制器、物聯網連接芯片組、物聯網人工智能（AI）芯片組以及物聯網安全芯片組和模塊等發展，能讓電動車實現無人駕駛有很大的發展。

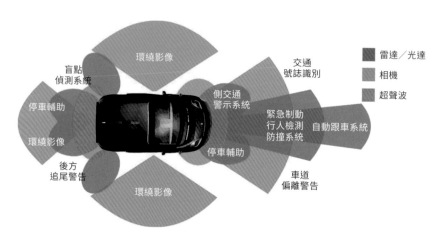

圖5.2.5.1　ADAS技術

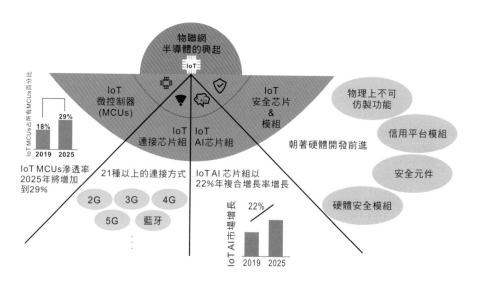

圖5.2.5.2　半導體和物聯網結合

5.3 電池的概述

　　電池電動汽車不使用任何汽油，而是僅依靠存儲在電池組中的電力運行，該電池組為一個或多個電動機供電並產生零尾氣排放，這些汽車可以隨時隨地充電，而且通常比用汽油加油的成本要低得多。他們在充滿電的情況下行駛里程從大約80英里到300多英里不等。

　　目前，大多數電動汽車都由可充電鋰離子電池供電，這種電池結構緊湊，能量密度非常高，它們主要由外部電源充電，可以像標準的120伏插座一樣簡單。車載充電器接收輸入的交流（AC）電並將其轉換為直流（DC）電以為主電池充電，動力被傳送到驅動汽車車輪的所謂電動牽引電機，該過程涉及各種複雜的電子元件。

　　電池是電動車最主要零件之一，不過並不是所有的電池都適用於電動車，電池又可分為一次電池與二次電池，一次電池定義為只能使用一次就必丟棄，無法進行充電；而二次電池可以進行充電重複使用，現在的電動車也都是使用二次電池，不過充電次數會受到限制，無法永久使用。隨著充電次數的增加就愈不能完全充飽，因此，現今大家仍然不斷持續研究與改良電池，希望能夠讓電池的壽命與電容量增加，有朝一日，電動車經過一次充電，也能和燃油車有相同的里程數，甚至超越。

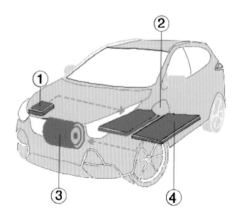

1. 版載充電器	將輸入的交流電轉換成直流電為電池充電
2. 充電端口	使汽車能夠插入外部電源為電池充電
3. 電動機	由電池供電,電動機始終推動汽車
4. 電池	通常位於座椅下方以更好配重,可高達100kWh

圖 5.3.1　電動汽車內部構造及功能

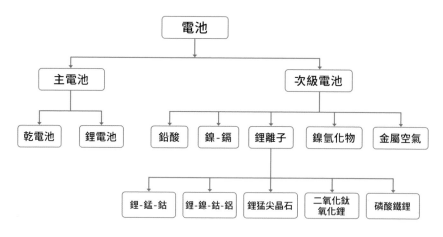

圖 5.3.2　電池的種類

5.3.1　電池的發現

　　巴格達電池被認為是最早出現的電池，距今已有2000年歷史。在1983年，一群考古學家在巴格達附近的一個村莊（Khujut Rabu）發現一組陶罐，罐子裡裝著用鐵棒捲起來的銅片和電解質溶液，當與酸性液體混合時，銅和鐵會產生化學反應而產生電流，人們認為這種電池被用於將黃金電鍍到帕提亞文明的文物上，而不是發電用的電池。在1786年，義大利物理學家路易吉·伽伐尼（Luigi Galvani）用一把鐵手術刀解剖一隻掛在銅鉤上的青蛙，當他碰到青蛙的腿時，腿抽搐了，而義大利物理學家亞歷山卓·伏打（Alessandro Volta）認為此現象是由兩種不同金屬和一個潮溼的導體引起的，這是首次發現電池背後的原理。

　　亞歷山卓·伏打在1791年透過他發表的實驗證明他的想法是可行的，他將銅和鋅放入稀硫酸或鹽水溶液等電解質溶液中，銅原子幾乎不會分解，但鋅原子會分解並流出電子，因此，銅變成正極（＋），鋅變成負極（－），當兩者通過導體連接時，電流會從銅流向鋅，這就是伏打電池的基礎。不過伏打電池的缺陷是壽命只有一個小時、電解液會洩漏，且銅上會形成氫氣泡，增加電池內阻，因此在1836年，英國發明家約翰·法雷迪·丹尼爾（John F. Daniell）發明了丹尼爾電池，解決了伏打電池會產生氫氣泡的問題，此電池由一根鋅棒浸入硫酸鋅溶液和一根銅棒浸入硫酸銅所組成，並且兩個電解質溶液由U型鹽橋連接，可以產生1.1伏特，且丹尼爾電池的使用壽命比伏打電池長得多。

　　以前發明的電池都是一次性電池，所有化學反應耗盡後會永久失效，不可進行二次充電。在1859年，法國物理學家加斯頓·普蘭特（Gaston Planté）創造第一個可以充電的電池－鉛酸電池，最

初版本的鉛酸電池使用兩片鉛作為電極，用布捲成螺旋狀作為隔板將兩極隔開，並浸入10％硫酸、90％水作為電解質的溶液中。在使用開關的實驗中，當開關關閉時，電流仍然流過酸液，此時，他注意到其中一個電極塗有氧化鉛（PbO_2），而另一個則保留了其天然的鉛表面。當開關打開時，電流從電極流向系統（或負載）。

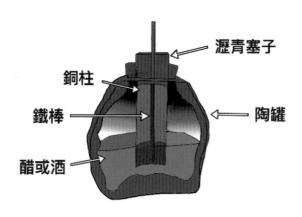

圖5.3.1.1　巴格達電池

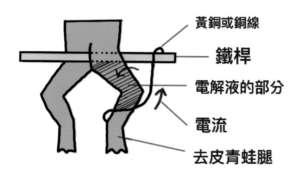

圖5.3.1.2　蛙腿實驗

5.3.2 電池進化史（一）—鉛酸電池

鉛酸電池主要由正負極版、電解質溶液所組成，其正極為二氧化鉛（PbO_2）、負極為金屬鉛（Pb），電解質溶液是水和硫酸，比例通常為 3：1。當電池替電子設備充電時，表示正在放電，硫酸會分解成氫離子（H^+）和硫酸根離子（SO_4^{2-}），負極的鉛與硫酸中的硫酸根離子化合成白色有毒的硫酸鉛（$PbSO_4$），附著在負極上，並且釋放出電子，這時電子會通過電線移動至正極，與正極的二氧化鉛反應形成硫酸鉛，附著在正極上，而電解液中的氫離子會與正極的氧離子反應形成水，隨著不斷地放電，電解液的硫會不斷減少，直到最後，電池無法再繼續向負載提供電子，此時電解液變成水。當電池充電時，將兩極接上直流電源，正極的硫酸鉛會解離成鉛與硫酸根離子，而鉛與水的氧離子結合，變回二氧化鉛，釋放出電子和氫離子，電子被強制從正極移動到負極，與負極的硫酸鉛反應變回金屬鉛，且解離出硫酸根離子，負極的硫酸根離子會與正極的氫離子結合形成硫酸，電解液中硫酸的濃度又恢復原狀。其化學反應式為：

負極反應：$Pb_{(s)} + SO_4^{2-}{}_{(aq)} \leftrightarrow PbSO_{4(aq)} + 2e^-{}_{(aq)}$

正極反應：$PbO_{2(s)} + SO_4^{2-}{}_{(aq)} + 4H^+{}_{(aq)} + 2e^- \leftrightarrow PbSO_{4(aq)} + 2H_2O_{(l)}$

總　反　應：$Pb_{(s)} + PbO_{2(s)} + 2H_2SO_{4(l)} \leftrightarrow 2PbSO_{4(s)} + 2H_2O_{(l)}$

其中，反應式往右邊是放電過程，往左邊是充電過程。

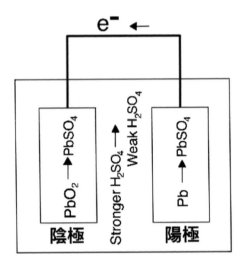

圖 5.3.2.1　鉛酸電池放電

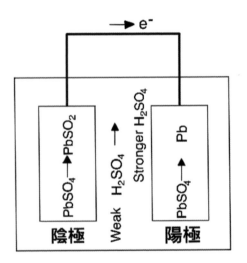

圖 5.3.2.2　鉛酸電池充電

5.3.3 電池進化史（二）─碳鋅電池

　　隨著各國科學家不斷發明電池，愈來愈多不同版本的電池被發明出來，並且持續改進和加強性能，使現在的我們才能將電子產品應用在生活中。在 1866 年，法國科學家喬治・萊克朗切（Georges Leclanché）發明了碳鋅電池，他使用作為陽極的鋅和作為陰極的碳所組成，其使用的電解質溶液為氯化銨溶液，並在碳混入二氧化錳提高導電性和吸收性，此電池不能提供很長時間的持續電流，僅適用間歇性使用。

　　第一個乾電池是在 1886 年由卡爾・蓋斯納（Carl Gassner）發明的，他根據喬治・萊克朗切電池的概念作改良，使用熟石膏製造氯化銨糊劑，並添加少量氯化鋅以延長保質期。與以前的溼電池不同，此次的乾電池更堅固、不需要維護、不會溢出且可以在任何方向使用，提供 1.5 伏的電壓。當碳鋅電池電能耗盡後就要丟棄，不可進行二次充電，屬於一次性電池，其原因為氫離子會先於鋅離子與電子結合而被還原成氫氣，如大量累積，則有可能與電池裡面的化學物質反應而爆炸，因此，科學家在之後又將碳鋅電池中的氯化銨電解質改為其他鹼性溶液，而有了鹼性電池的發明，鹼性電池會在後面的部分說明。

　　現今的碳鋅電池其負極為鋅，正極是一支碳棒和二氧化錳，碳棒作為電子的通路，本身沒有直接參與化學反應，與鋅反應的是二氧化錳（MnO_2），因此又可稱為鋅錳電池，其兩極之間主要填滿氯化銨（NH_4Cl）作為電解質溶液。當碳鋅電池為電子設備充電時，表示正在放電，而鋅被氧化失去電子（e^-），失去的電子會移動到正極，與氯化銨（NH_4Cl）解離出的銨離子（NH_4^+）還原成氨（NH_3），同時產生氫氣（H_2），其氫氣再被二氧化錳氧化變成

水，而氨被利用形成錯合物氯化鋅銨（Zn(NH₃)2Cl₂），其電池內整體反應的化學式為：

負極反應：$Zn_{(s)} \rightarrow Zn^{2+}{}_{(aq)} + 2e^-$

正極反應：$(1)\ 2NH_{4(aq)} + 2e^- \rightarrow 2NH_{3(aq)} + H_{2(gl)}$

$(2)\ 2MnO_{2(s)} + H_{2(g)} \rightarrow Mn_2O_{3(s)} + H_2O_{(l)}$

錯　合　物：$Zn^{2+}{}_{(aq)} + 2NH_{3(aq)} + 2Cl_{(aq)} + Zn_{(s)} \rightarrow Zn(NH_3)2Cl_2$

總　反　應：$2MnO_{2(s)} + 2NH_2Cl_{(aq)} + Zn_{(s)} \rightarrow Zn(NH_3)2Cl_2 + Mn_2O_{3(s)}$

$+ H_2O_{(l)}$

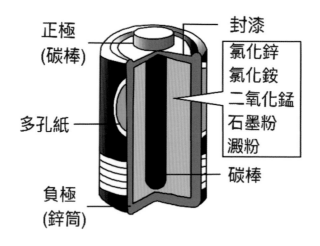

圖 5.3.3.1　碳鋅電池內部構造

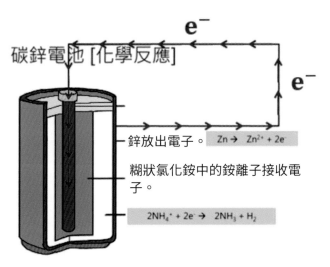

碳鋅電池 [化學反應]

鋅放出電子。 $Zn \rightarrow Zn^{2+} + 2e^-$

糊狀氯化銨中的銨離子接收電子。

$2NH_4^+ + 2e^- \rightarrow 2NH_3 + H_2$

$$2MnO_{2(s)} + 2NH_2Cl_{(aq)} + Zn_{(s)} \rightarrow Zn(NH_3)2Cl_2 + Mn_2O_{3(s)} + H_2O_{(l)}$$

圖 5.3.3.2　碳鋅電池放電原理

5.3.4　電池進化史（三）─鹼性電池

　　在1899年，瑞典科學家瓦爾德瑪（Waldermar）發明了第一個鹼性電池─鎳鎘電池，屬於二次電池，可重複充放電，它是第一個使用鹼性電解液的電池，且能夠產生比鉛酸電池更好的能量密度。鎳鎘電池的陽極由鎘構成，陰極由鎳氧化物組成，內部含有氫氧化鉀的鹼性電解液，不過由於鎳鎘電池中的鎘屬於有害金屬，隨著環保意識的提倡，鎳鎘電池也被禁止在市面上販售了，取而代之的是愛迪生發明的鎳鐵電池。

　　鎳鐵電池又稱作愛迪生電池，它是一種非常堅固的電池，這種電池對過度充電、過度放電或短路有非常高的耐受性，即使我們長時間不給鎳鐵電池充電，它也能發揮出色的性能，比如說，其充電效率為65％，表示65％的輸出電能在充電過程中以化學能形式儲存在電池中；放電效率為85％，表示電池可將85％的存儲能量以電能形式提供給負載使用，其餘的電能由電池的自放電釋出。如果電池閒置30天，由於自放電率低，只會損失約10％～15％的存儲能量，與壽命大約10年的鉛酸電池相比，鎳鐵電池的壽命明顯更長，至少能夠使用30年以上。鎳鐵電池與鎳鎘電池相較之下，利用鐵取代鎘，鐵屬於不具有毒性的金屬，再加上鎳和鐵都是地球上豐富的元素，因此鎳鐵電池又更加環保。

　　鎳鐵電池的負極是由鐵構成，正極主要的成分為氫氧化鎳，而電解質溶液是使用氫氧化鉀，並將硫酸鎳和硫化亞鐵加入活性材料中。鎳鐵電池的容量取決於正負極版的大小和數量，兩塊板都由鍍鎳鐵製成的矩形網格組成，如圖5.3.4.2所示，正極板的穿孔鍍鎳鋼盒包含鎳氧化物和碳粉，而負極板包含鐵氧化物和碳粉，在這兩個板中，碳粉與活性材料混合，有助於提高導電性。當電池放電時，

氫氧化鉀（KOH）解離成鉀離子（K^+）和羥基離子（OH^-），羥基離子會移動到負極，與金屬鐵反應產生氫氧化亞鐵，並釋放出電子，電子通過導線移動至正極，與氫氧化氧鎳和水反應形成氫氧化鎳和羥基離子；當電池充電時，羥基離子會移動到正極，與氫氧化鎳反應產生水和氫氧化氧鎳，並釋放出電子，電子通過導線移動到負極，與氫氧化亞鐵反應，還原成金屬鐵和羥基離子。其反應化學式為：

負極反應：$Fe + 2OH^- \leftrightarrow Fe(OH)_2 + e^-$

正極反應：$2NiOOH + 2H_2O + e^- \leftrightarrow 2Ni(OH)_2 + 2OH^-$

總反應：$2NiOOH + 2H_2O + Fe \leftrightarrow Fe(OH)_2 + 2Ni(OH)_2$

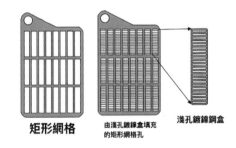

矩形網格　　由淺孔鍍鎳盒填充的矩形網格孔　　淺孔鍍鎳鋼盒

圖 5.3.4.1　鎳鐵電池正負極版構造

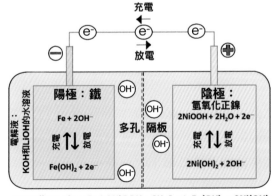

Overall reaction: $Fe + 2NiOOH + 2H_2O \rightleftarrows Fe(OH)_2 + 2Ni(OH)_2$

圖 5.3.4.2　鎳鐵電池作用原理

5.3.5　電池進化史（四）—鋰離子電池

　　吉爾伯特‧牛頓‧劉易斯（Gilbert Newton Lewis）開始對鋰電池進行實驗，但直到本世紀下半葉，第一批鋰電池才開始商業化。三個重要的發展對這些電池的創造有極大的幫助，1982年，摩洛哥科學家拉奇德‧雅扎米科學家（Rachid Yazami）發現了石墨陽極，以及日本旭化學公司生產的可充電鋰電池原型，而索尼（Sony）於1991年將鋰離子電池商業化。

　　鋰電池的內部構造由多個鋰離子電池組成，並通過導線串聯與並聯連接，單體鋰電池結構簡單，由三個基本部件組成，分別為正極、負極和電解質溶液，還會使用隔板，將正極和負極隔開。鋰電池的負極主要使用的材料是錳酸鋰、磷酸鐵鋰和鈷酸鋰，它們提供各種電壓和特性。負極的框架使用薄鋁箔，上面塗有活性材料、黏合劑和導電添加劑，可以增加導電性。鋰電池的正極大多數使用石墨，因為石墨可以滿足電壓需求，成本低且導電性好。正極也塗有活性材料，可以通過電線傳遞電子。鋰電池的最後一個部件—電解質，最常使用的電解質為鋰鹽，它有助於在正極和負極之間傳輸正鋰離子。電解質是一種使正極和負極運動成為能夠在鋰電池中使用電力的介質，它使用不同的溶劑、添加劑和鹽，會影響電池內鋰離子的速度和運動。

　　鋰電池主要依靠鋰離子在正負極之間移動來工作。當手機裡的鋰電池為其充電，也就是鋰電池在放電時，帶正電的鋰離子（Li^+）從負極通過在電解質中移動而到達正極，另一方面，電子從負極移動到正極。而當我們為手機充電，即為鋰電池充電時，情況與上述完全相反，帶正電的鋰離子（Li^+）從正極通過在電解質中移動而到達負極，另一方面，電子則從正極移動到負極，如圖

5.3.5.2所示。

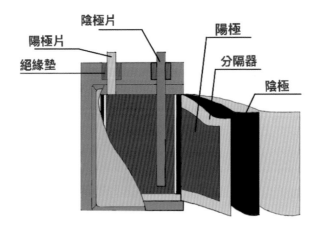

圖 5.3.5.1　鋰電池結構

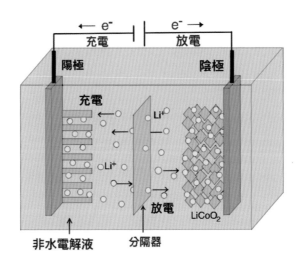

圖 5.3.5.2　鋰電池充放電原理

　　隨著科技的進步，人們對產品的要求也隨之提高，電動車配備的電池也不例外，各個廠家持續研發尋找成本低性能好的新能源電池，而目前市面上已經有兩種廣為討論的電池，以下就來說說這兩種電池吧！

　　目前各個汽車廠牌在未來的計畫中都提到了三元鋰電池和磷酸鐵鋰電池，因為其能量密度小、體積小、長循環壽命等優勢，使它們在眾多電池種類中脫穎而出。首先來說三元鋰電池的部分，三元鋰電池的工作原理其實跟鋰電池相似，都是利用鋰離子在正負極中移動來工作，差別在於正極使用不同的金屬。三元鋰電池的正極材料為鎳鈷錳酸鋰或鎳鈷鋁酸鋰，大部分使用的是鎳鈷錳酸鋰，負極為石墨。鎳和鈷是活性金屬，錳不參加電化學反應，擔任催化劑的角色。一般來說，活性金屬含量愈高，電池容量就愈大，但當鎳含量過高時，會使 Ni^{2+} 占據鋰離子的位置，加劇陽離子的混合，從而導致容量降低。鈷也是一種活性金屬，但它具有抑制陽離子混合的作用，可以穩定材料的層狀結構。錳作為一種非活性金屬，用來提高安全性。

　　磷酸鐵鋰的工作原理也與鋰離子電池有著相同的道理，透過鋰離子在正負極中穿梭來工作。磷酸鐵鋰是典型的正交晶系，每一個晶胞含有4個單元，一個八面體高鐵酸鹽（FeO4）分別和一個四面體磷酸鹽（PO4）與兩個八面體鉬酸鋰（LiO6）共棱，這樣的結構使得鋰離子在充放電時可以自由移動。電池放電時，陽極材料放出電子和鋰離子（Li^+），電子流入元件可以推動元件工作，鋰離子經由高分子聚合物薄膜到達陰極（磷酸鐵鋰），最後，鋰離子與電子在陰極結合。電池充電時，外加電壓使陰極放出鋰離子（Li^+），

鋰離子經由高分子聚合物薄膜回到陽極中,恢復原來的狀態。

	鈷酸鋰	磷酸鐵鋰	三元材料
簡稱	LCO	LFP	NCM532、NCM622、NCM811、NCA
成分	Li_xCoO_2	Li_xFePO_4	$Li_xNi_{0.5}Co_{0.3}Mn_{0.2}O_2$、$Li_xNi_{0.6}Co_{0.2}Mn_{0.2}O_2$、$Li_xNi_{0.8}Co_{0.1}Mn_{0.1}O_2$、$Li_xNi_{0.8}Co_{0.15}Al_{0.05}O_2$、
電壓 (V)	3.5-3.7	3.2-3.7	3.7-4.2
密度 (g/cm3)	5.0	3.6	4.5-4.8
容量 (mAh/g)	140-150	120-145	160-200
循環壽命 (圈)	500	1500-3000	500-1000
成本 (USD/Kg)	50	15-25	30-40
應用	家電、3C 產品	小型儲能系統、電動自行車、電動巴士、UPS	3C 產品、電動工具機、電動車

圖 5.3.6.1　三元鋰電池與磷酸鐵鋰的性能

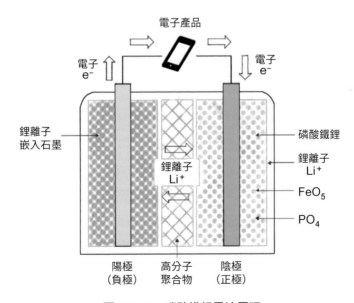

圖 5.3.6.2　磷酸鐵鋰電池原理

　　當代新能源科技有限公司（CATL）簡稱寧德時代，是一家中國鋰電池製造商和科技公司，成立於2011年，總部位於中國福建省寧德市。該公司不僅有電動汽車和儲能電池系統的研發、生產和銷售，還提供電池管理系統、材料、電池單元以及電池回收和再利用系統。該公司生產的電池廣泛用於電動乘用車、電動巴士、電動卡車等其他特殊車輛。儲能系統產品應用於可再生能源、通信基站、電網調頻、工商業建築、家庭儲能等領域。它還在德國、日本、法國和美國地區開展業務。寧德時代的電池技術在目前國際市場上數一數二，被許多電動汽車製造商如寶馬、現代、本田、特斯拉、豐田、福斯等多個汽車廠牌列為合作夥伴為他們提供鋰電池。

　　根據特斯拉電池供應鏈經理的說法，寧德時代被視為磷酸鐵鋰電池技術的領導者。該公司採用特殊的電池包裝方法來減少其電池的非活動重量使得體積利用率提高15%～20%，生產效率翻倍，電池零部件數量減少40%，電池組能量密度從140～150Wh/Kg躍升至200Wh/Kg。由於中國在電池所必需的稀土元素供應方面占全球的40%以上，使得寧德時代得以成為如今最大的電池供應商，它還加入了特斯拉的電池供應鏈和歐美汽車製造商的供應鏈，因此，寧德時代在動力電池領域以33%的市場份額領先全球其他電池廠牌。

　　寧德時代為特斯拉的Model 3 Standard Range車款提供磷酸鐵鋰電池組，使得Model 3 Standard Range車款整體重量減少，在續航力上也得到不小的提升。中國最暢銷的電動汽車是售價僅4,500美元的五菱迷你，磷酸鐵鋰電池組不僅能滿足小型車的大小，也能顧及價格的親民，在續航力方面大概能跑150英里，能同時滿足代步與城市行駛的需求。

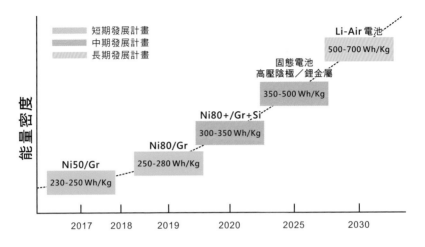

圖 5.3.7.1　CATL 電池能量密度發展

（圖片來源：https://pushevs.com/2020/06/10/battery-cells）

圖 5.3.7.2　CATL 各項營收

（圖片來源：https://www.marklines.com/en/top500/catl）

5.3.8 LG Energy Solution—全球第二大電池廠商

韓國的 LG 化學（LG Chem）公司於 2020 年 12 月成立子公司 LG 新能源（Energy Solution）是全球領先的電動汽車、移動、儲能系統鋰離子電池製造商，也是現今全球第二大電動車電池廠商，總部位於韓國首爾，在海外擁有多座自己的電池工廠，包括中國、波蘭和美國等。LG 新能源曾主打鎳鈷錳電池組，和寧德時代的磷酸鐵鋰電池相比，鎳鈷錳電池組的能量密度更高，但相對地價格也較高，因較高的製造成本使得 LG 新能源無法賺到太多的利潤，甚至 2020 年出現虧損的營業額，且鎳鈷錳電池組使用久了會有安全上的疑慮，使得 LG 新能源近期也開始生產磷酸鐵鋰電池，而美國考慮到近期中美之間的摩擦導致供應鏈中斷，也在避免過度依賴寧德時代。

LG 新能源近期公布了一項耗資 5.67 億美元的計畫，目的在擴大電動汽車電池的生產，為了向美國電動汽車巨頭特斯拉等汽車製造商供貨，該公司將在 2022 年 6 月至 2023 年 10 月期間投入 4.51 億美元，在韓國增設工廠增加生產線，並表示新生產線將從 2023 年下半年開始生產直徑 46 毫米、長度 80 毫米的圓柱形電池，其比目前傳統電池更大，稱為 4680 型圓柱電池，該電池被認為比現有的電池容量更大、更節能，而特斯拉正在計畫使用 4680 電池為其即將推出的 Model Y 電動車提供動力，而剩餘的 1.16 億美元將用於位在製造傳統的 2170 型圓柱電池。

LG 新能源和本田（Honda）決定在美國建立合資電池廠，計劃於 2023 年開始生產磷酸鐵鋰電池，並於 2024 年在美國密西根工廠新增磷酸鐵鋰電池生產線，來滿足北美市場的需求。

LG 2021-2022 第二季收入與營收利潤
（單位:億韓元）

LG 化學

收入　　營收利潤

11493　12240　　2141　878

Q2 2021　Q2 2022　Q2 2021　Q2 2022

LG 新能源

收入　　營收利潤

5131　5071　　724.3　195.6

Q2 2021　Q2 2022　Q2 2021　Q2 2022

圖 5.3.8.1　LGES 2022 年收入和利潤比較

（圖片來源：https://www.koreatimes.co.kr/www/tech）

LG新能源全球配置

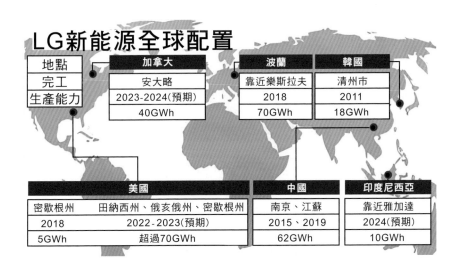

地點	加拿大		波蘭	韓國
完工	安大略		靠近樂斯拉夫	清州市
生產能力	2023-2024(預期)		2018	2011
	40GWh		70GWh	18GWh

美國		中國	印度尼西亞
密歇根州	田納西州、俄亥俄州、密歇根州	南京、江蘇	靠近雅加達
2018	2022 - 2023(預期)	2015、2019	2024(預期)
5GWh	超過70GWh	62GWh	10GWh

圖 5.3.8.2　LG 新能源全球配置

（圖片來源：https://pulsenews.co.kr/view.php?year=2022&no=41572）

5.3.9　Panasonic—特斯拉的主要電池製造商

　　日本的松下電器（Panasonic）是特斯拉的主要電池製造商，總部位於日本大阪，也是該公司早期的主要投資者，作為特斯拉長期合作夥伴，松下電器在4680電池上已投資了約800億日圓，並在日本的工廠開始4680的初期生產，在2023年的大規模量產前，會在2022年先以小批量生產來確定安全有效的工序。值得一提的是，雖然松下電器表示特斯拉會是4680電池的首要客戶，但他們也沒有完全排除為其它廠商製造這款產品的可能性。

　　目前松下電器研發的新型電池體積大約是現在供應電池的5倍，特斯拉是目前唯一購買新電池的客戶，新電池預計幫助特斯拉降低生產成本、提高車輛續航里程，容量也更大、更安全，新電池號稱能將特斯拉的 Model S 續航里程從650公里提升到750公里，提升約15％之多，新電池還減少了電阻，可以簡化生產過程，以達到降低成本的目的，根據特斯拉的估算，新技術的電芯電池每 kWh 能節省56％的成本。

　　在2022年，松下電器表示打算在堪薩斯州建造一座價值40億美元的大型電池廠，為電動車和電動卡車提供電池組，工廠建造完成後可僱用多達4000名員工，被譽為是堪薩斯州史上最大的私人投資。松下電器分析，現在市場急切地等待更大的電池有兩個原因：第一，更大的容量意味著需要更少的電池來達到相同的性能水平；第二，更大的容量還減少了車身上的安裝數量和焊接點的數量並有助於降低總體成本，對於電池的能量密度和環保性能方面的優勢能滿足長途駕駛和城市駕駛等用戶場景的需求，預計到2030年，電動汽車電池的能量密度將提高20％。

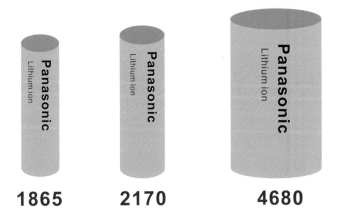

1865　　　2170　　　4680

圖 5.3.9.1　Panasonic 電池開發

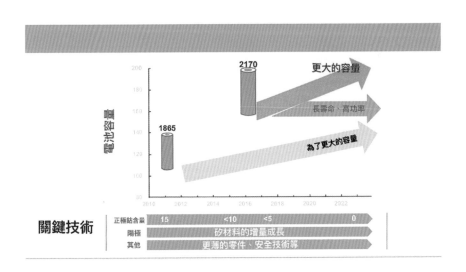

圖 5.3.9.2　Panasonic 電池能量密度發展

（圖片來源：https://insideevs.com/news/panasonic-automotive-battery）

CHAPTER 06

電動車新創事業

6.1 Apple 跟隨電動車的風潮 —Apple Car

　　隨著電動車的興起，不只各大汽車品牌開始生產電動車，或是制訂關於電動車的計畫，甚至其他行業的知名品牌，如：蘋果（Apple）、谷歌（Google）和戴森公司（Dyson）等，也跟隨著風向，表示他們也開始對生產電動車有相當大的興趣。我們知道，蘋果公司正在開發一個自動駕駛汽車項目（代號為 Project Titan），該公司在 2021 年發表了聲明，且似乎還繼續招聘專門從事汽車開發的職位，在最近幾個月已經挖走了幾名特斯拉高管。但許多重大問題仍未得到解答，它會是完全由蘋果公司打造的電動車，或是授權給第三方汽車製造合作夥伴？這是因為蘋果尚未確定合作的汽車製造商，因此這一直是圍繞 Apple Car 的主要話題與爭議。

　　據報導，早在 2018 年 5 月，蘋果就在與德國汽車巨頭大眾汽車進行談判，生產四輪驅動商用車的自動員工穿梭車，該計畫有望為大眾市場開發蘋果汽車，但在一系列備受矚目的測試崩潰和員工洩密之後，兩家公司之間的合作關係被扼殺。在 2021 年初，我們認為這家科技巨頭正在與現代公司談論生產自動駕駛電動汽車的議題。然後有報導指出蘋果實際上已經與現代的子公司簽署了製造協議的謠言，該協議最早將在 2024 年將 Apple Car 推向市場，而結果則是蘋果迅速地取消與現代和起亞的談判。在這之後，又有傳聞蘋果將日產作為潛在製造合作夥伴之一，其結果是接觸時間很短暫，在品牌方面有分歧，討論並沒有深入到高級管理層。還有一個不太可能的傳聞是蘋果和韓國的 LG 聯盟，據韓國時報報導，2021 年 4

月的報告顯示，蘋果「非常有可能」與這家韓國科技巨頭（與加拿大汽車供應商麥格納國際）達成合作協議，LG最近離開了智能手機行業，將資源集中在其品牌更好的增長領域定位—如電動汽車部件，不過，會談仍在進行中，甚至還有更多最新報導暗示蘋果還在與中國電池供應商寧德時代進行談判，但我們仍未聽到有關此事的官方溝通。所以，到2022年，蘋果的Apple Car進度似乎還在停滯在尋找合作夥伴。

　　儘管被廣泛認為是世界上最成功的企業，但蘋果的專長在於技術開發，而不是汽車製造，這意味著它需要另一個組織的幫助，但似乎大型汽車品牌一直不願意成為最終將使用蘋果名稱的汽車小部件供應商。也許蘋果最大的競爭對手是由Google獨立出來的Waymo公司，它曾經是谷歌的自動駕駛汽車項目，現在是美國公司Alphabet旗下的公司。

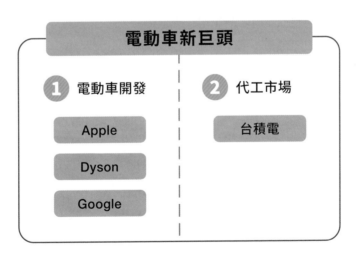

圖6.1.1　　電動車新巨頭

圖 6.1.2　猜測的 Apple Car 概念車

（圖片來源：https://www.notebookcheck.net/Apple-Car-project）

6.2 戴森生產電動車的計畫

　　戴森公司（Dyson）創始人詹姆士提到他一直對從車輛排氣管冒出的黑煙感到恐懼，作為行人或騎自行車的人，會吸入大量的廢氣，僅在英國，每年就有34000人死於吸入廢氣。為此，戴森公司持續研發更高效的電池、研究高性能馬達，減少廢氣的汙染，突然意識到他們目前正在開發的是與開發電動車技術相關的專有技術，因此，詹姆士開始設計戴森電動車，汽車由外到內的每個設計細節都相當重要，電池充電器的插入點必須像座椅、控制裝置和方向盤一樣精緻、精巧和優雅。供暖和通風必須充分利用戴森在氣流和低能耗方面的知識。電池必須使用最好的，期待有一天可以用固態電池代替鋰離子電池。

　　戴森雖然是家電公司，但戴森在2015年收購電池設計公司Sakti3，讓它具有電池技術，這也是電動車的關鍵技術。在2016年，英國汽車公司Aston Martin加入戴森，他為戴森帶來至關重要的汽車製造專業知識，另一個重要來源是戴森董事Ian Robertson，他在2018年中前一直是寶馬的董事會成員，也是寶馬i電動汽車計畫的重要支持者。藉由戴森發表的電動車專利插圖設計，可以看到大型七座風格，長度為5米，前後懸短，離地間隙很大，輪胎直徑接近1米，其中最突出的規格是一個強大的150kWh鋰離子電池組，由8500個圓柱型電池組成，提供600英里的電池續航里程。內部開發的懸架完全獨立於空氣彈簧，並具有交叉連接防側傾系統，前懸架採用間距較大的雙叉臂，後懸架採用多連桿系統，車內寬敞

且充滿未來感。

　　戴森在2017年宣布要製造電動車，並在2021年推出，為了設計、開發和測試這輛車，在新加坡製造常規生產車型之前，戴森收購並修復了前英國皇家空軍赫拉文頓機場的機庫和跑道，這是一個1937年二戰飛行員的培訓基地。但在2019年10月10日，戴森於官網宣布決定取消製造電動車的計畫，不過他們認為這不是產品失敗，也不是團隊失敗，鑑於項目的規模和復雜性，他們的成就是巨大的。戴森表示會繼續這25億英鎊的新技術投資計畫，將在馬姆斯伯里、赫拉文頓、新加坡和其他全球地點進行擴張。且專注於製造固態電池和其他已經確定的基礎技術，如：傳感技術、視覺技術、機器人技術、機器學習和人工智能等。

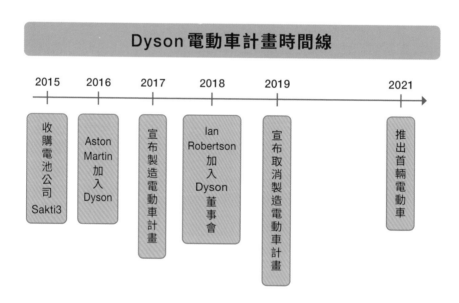

圖6.2.1　戴森電動車計畫時間線

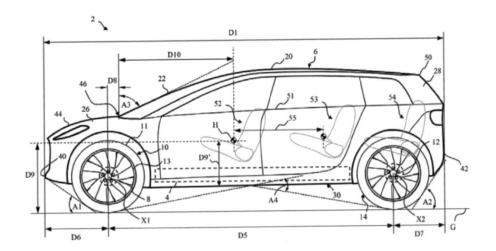

圖 6.2.2　戴森發布的電動車專利圖

（圖片來源：https://www.supermoto8.com/articles/4362）

6.3 Google 放棄開發無人車

　　谷歌（Google）於 2009 年開始了第一次的無人駕駛技術，使用豐田的車款作為測試，就這樣，谷歌的第一輛自動駕駛汽車誕生了。2012 年，在高速公路和城市街道上完成 300,000 英里的測試後，改裝了凌志（Lexus）休旅車測試無人駕駛技術，在經過多階段的測試後，於 2014 年製造了被稱為 Koala car 的第一款無人駕駛汽車原型，該車款完全自主，所以沒有方向盤、油門踏板和剎車踏板，也決定放棄後視鏡、後座、手套箱和音響。在車內有大量傳感器，以及 Google 構建的用於過去五年中在高速公路和城市街道上駕駛的豐田和凌志休旅車上使用的自動駕駛系統，即使如此，Koala car 仍需要在人為監控下才能安穩行駛。

　　2016 年，自動駕駛技術公司 Waymo 成為 Alphabet 的子公司，谷歌的自動駕駛項目更名為 Waymo，此後推出了首款 Waymo Driver 的全自動駕駛汽車，無需任何人坐在駕駛座上，並於 2018 年宣布與捷豹合作，Waymo 的汽車使用高分辨率攝像頭和激光雷達，透過發射激光反射到物體上的光來確定汽車與其環境之間的距離，並繪製周圍的地圖讓車輛了解道路，也依賴其他傳感器來檢測行人、騎自行車的人和其他車輛，即使如此，谷歌的技術始終無法開發全自動駕駛車輛，更別說是量產，谷歌已經明確表示現在沒有自己製造和銷售車輛汽車的打算。

　　在 2018 年 3 月，Waymo 的貨運部門正式成立，轉而開發卡車的自動駕駛技術，在加利福尼亞州、亞利桑那州、新墨西哥州和德克

薩斯州測試卡車車隊後，2020年10月，Waymo和賓士（Mercedes-Benz）合作創立了卡車的自動駕駛版本，卡車配備自動駕駛技術並能在沒有人的情況下駕駛，但只能在預先設定的區域內駕駛，於2021年在亞利桑那州鳳凰城地區啟動了自動駕駛服務計畫。

Google開發無人車歷程

2009年用豐田車款進行第一次

2012年完成30萬英里測試

2014年製造第一款無人駕駛車原型

2016年Google的自動駕駛項目更名為Waymo

2018年宣布與捷豹合作

現今Google沒有開發無人駕駛的打算

圖6.3.1　Google開發無人車歷程

6.4 台積電占據了一半的半導體代工市場

　　2019年受新冠病毒的影響，各行各業包括半導體產業都受到很嚴重的衝擊，疫情導致很多半導體代工廠的停工，也因此造成2020年至今，半導體晶片嚴重缺貨的現象。雖然難以預測芯片短缺對電動汽車市場的影響，但這並不影響大家購買電動車的意願。電動汽車半導體市場在2021年創造了54.286億美元的收入，預計純電動車將在2021年至2026年期間以33.1%的複合年成長率繼續占據主導地位。高級駕駛輔助系統（ADAS）將在2021年至2026年期間以38.9%的複合年成長率實現最高成長，電動車逐漸占據全球汽車銷售市場，電動車比傳統燃油車需要更多的半導體成分，若按照2022年的趨勢，估計汽車行業的電氣化將需要價值74億美元的額外半導體材料。

　　2021年半導體代工市場價值1047.4億美元，預計到2027年將達到1612億美元，2022年至2027年的複合年成長率為7.54%，其中，各國家推行的政策和對半導體芯片不斷增長的需求是推動市場成長的關鍵因素。半導體的大部分生產外包給亞洲的代工廠，台灣、韓國、日本和中國是該地區的主要國家，有台積電（TSMC）、三星（Samsung）和聯電（UMC）等大公司擁有顯著的市場份額，最大的公司非台積電莫屬，根據收入在亞洲擁有接近55%的市場份額，雖然電動車半導體對於台積電來說只是一小部分，但卻也是美國、歐洲、日本等國家汽車製造商的重要客戶。另一方面，日本和韓國是半導體材料、高端設備的重要供應國家，市場上處於領先地位。

在汽車領域，與安全相關的電子系統採用呈爆炸式成長，2022年構成這些電子系統的半導體組件每輛汽車的成本達到600美元，使得汽車半導體供應商受益於各種半導體安全設備系統，包括微控制器（MCU）、傳感器（sensor）和內存等，在未來十年，自動化、電氣化、數字連接和安全性將是車輛未來的發展重點，也將使汽車電子和子系統增加更多的半導體。

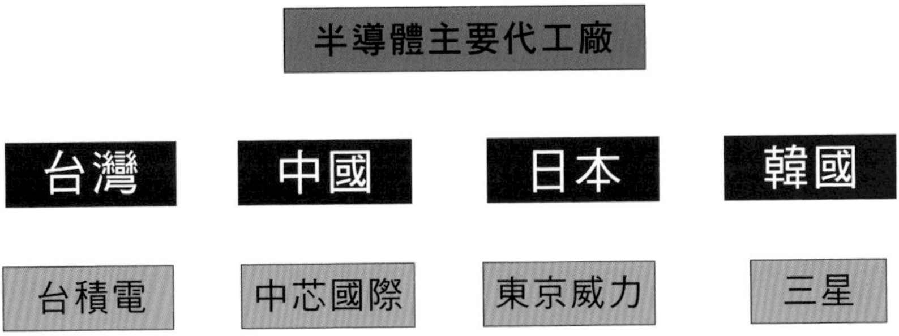

半導體主要代工廠

台灣	中國	日本	韓國
台積電	中芯國際	東京威力	三星

圖6.4.1　半導體主要代工廠

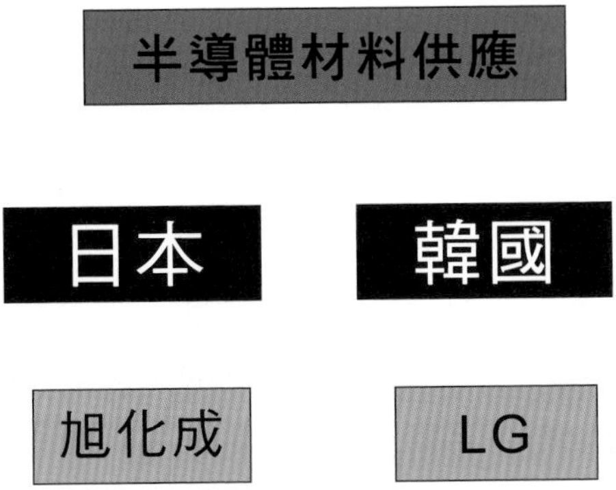

半導體材料供應

日本	韓國
旭化成	LG

圖6.4.2　半導體材料供應

6.5 電動車之平台開發

　　為什麼要替電動車開發新的平台呢？相信大部分的人都有這個疑問。由於電動車沒有發電機、變速箱和油箱，但它需要有一個位置可以安裝電池組，比如前置發動機、變速箱和油箱的空間，皆可拿來運用，因此，傳統汽車的設計需要重新考慮。那現有的平台無法設計電動車嗎？其實是可以的，印度公司的Tata Nexon的電動車和Tigor電動車就是個例子，它們拆除了發動機及相關部件並安裝電動動力系統，但平台中的變速箱通道依然存在，而電動車不需要傳動軸，這條傳輸通道占用了後座中間乘客腿部的空間，因此，最好有個全新的平台來設計電動車，將乘客舒適度和成本達到最高效益。

　　福斯集團（Volkswagen）開發車輛模組化平台（MEB），將履行大眾汽車為數百萬人而非百萬富翁製造電動汽車的承諾，旨在為負擔得起的電動汽車提供低成本和靈活性。然而，福斯又計劃推出一款新電動轎車，預計將於2026年投產，並將基於新平台打造。在2021年7月13日，福斯集團CEO迪斯在福斯集團2030戰略發布會上透露，他們正在開發全新的機電一體化車型平台可擴展的系統平台（SSP），此平台是一種滑板式架構，這將是一個100%純電動平台，支持所有車型的純電動車和智能化。可擴展的系統平台可將3個燃油車平台和2個純電動車平台整合為適用於集團旗下所有品牌和所有級別車型的機電一體化平台架構。

　　目前，汽車行業正在經歷一場所謂的百年一遇的技術創新浪潮，其中包括汽車的電氣化和自動駕駛系統的引入。特別是電動

車，它不僅可以減輕環境負荷，而且可以將傳統發動機驅動汽車的零部件數量減少一半，它們的成本將降低，並以更合理的價格為更多人提供服務。一家諮詢公司的調查估計，到2025年，全球銷售的所有新車中約有30％將是電動汽車，到2030年，將增加到51％或一半以上。將2025年視為電動車的轉折點。因此，日本電產已著手開發用於安裝汽車電器化產品的汽車平台（底盤），平台是車輛的基本框架，到目前為止，只有汽車製造商開發和生產平台，任何平台都需要安全可靠，是影響汽車製造商戰略的重要因素。

圖6.5.1　大眾汽車集團對SSP平台的理念

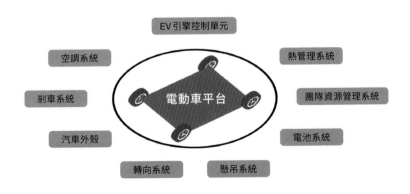

圖6.5.2　日本電產的平台開發

6.6 掌握三電得天下

　　隨著電動汽車市場穩定成長，與電動汽車製造商、合資企業等建立合作夥伴關係，電動馬達的成長可能超過預期。在 2020 年 3 月，中國的臥龍電氣集團與德國的 ZF Group 公司簽署合資協議，計劃將在中國浙江省建立公司，主要從事電動車、插電式混合動力車和輕度混合動力車車輛電機的設計、生產和銷售。由於存在許多區域和國際參與者，全球電動汽車市場的電動機高度分散。然而，市場被一些主要汽車廠商所主導，如豐田（TOYOTA）、特斯拉（Tesla）、日產（Nissan）、本田（Honda）、比亞迪、北汽和寶馬（BMW），其中豐田、特斯拉和比亞迪，豐田在日本市場擁有巨大的影響力且擁有製造電機的技術以及生產設施，從 2019 年到 2020 年涵蓋了重要的市場，其實大多數汽車製造商，如豐田、日產和本田等，都能靠自己生產車輛電機，因掌握電機就等同於掌握電動車動力技術。

　　全球電動汽車電池市場規模預計將在 2028 年達到 1550 億美元，同時在 2021 年至 2028 年期間的複合年成長率為 28％，而福特汽車、通用汽車和寶馬公司等關鍵汽車製造商愈來愈投入與開發電池技術將推動市場持續成長。電池技術開發莫過於降低價格、愈快的充電速度和充電後維持行駛里程數等，為了使電動車電池更緊湊、重量更輕，以及保存更多能量，正在開發新的電池化學物質，這將增強電動車與傳統燃油車的競爭力。現在，電動汽車的主要動力基礎是鋰離子電池。根據美國國際貿易委員會提交的評估報告，

鋰離子電池占據了可充電電池市場60％以上的份額。

2018年，車輛電力電子市場價值26億美元，到了2026年，估計能達到300億美元，從2019年到2026年的年成長率為35％。電控系統是對電力電子系統中的電力進行控制或轉換，例如逆變器、轉換器與車載充電器等，優秀的電控系統能愈高效地執行高壓或高電流操作，能以更快的時間控制車輛內各電器使其能執行適當的能量轉換。主要的競爭參與者有博世公司（Robert Bosch）、英飛凌公司（Infineon）和三菱電機公司等。

三電	競爭產品	競爭公司
電池	鋰電池	寧德時代、比亞迪、LG新能源
電控	逆變器 轉換器 充電器	博世、英飛凌、三菱電機
電機	感應馬達 同步馬達	豐田、本田、寶馬、賓士、日產、特斯拉、比亞迪

表6.6.1　三電競爭關係

CHAPTER 07

2030 年電動車的市場預測

7.1 燃油車已死

　　電動車與燃油車最明顯的差別在於電動車需要電力，而燃油車則使用汽油。雖然汽油價格在世界各地都不一樣，但到2022年8月，平均1加侖的汽油價格為4.2美元，一輛標準車款的平均油量約為14加侖，若加滿汽油需要將近60美元，但近年來推出了很多節省耗油型車款，能更省油且行駛更遠。為電動車供電可以有多種方法，電價取決於是在家充電、公共充電站充電或是直流快速充電，一些地點還會針對高峰時段收取更多費用，直流快速充電站的成本通常遠高於慢速充電站，而且每千瓦的成本是在家充電的3倍。

　　燃油車的續航里程取決於油箱的大小和燃油效率，有加油需求也就找個加油站等幾分鐘就能加滿油重新上路，如今電動車在續駛里程方面還不如燃油車，且充電站的數量遠不如加油站，使用直流快速充電最快也需15分鐘才能繼續上路，在技術和設備上都還需要時間成長，據估計，當今電動車充飽電可行駛超過300英里，但長途駕駛仍然需要一些路線計畫以確保在行駛路線上有充電站。與燃油車相比，電動車的維護成本較低，最大的原因是電動機和電池不需日常維護，也不必更換機油和油箱清理等，當然電動車也需要車輛保險、輪胎更換和剎車保養等日常開支，經過計算，維護一輛電動車的成本僅為一輛燃油車的1/4左右。

　　現今在車輛選擇與市場方面，燃油車仍然遙遙領先且提供了數百種不同的車款，而電動車款大約只有40多種可供選擇，但是電

動車的種類已經急劇增加，如今有電動皮卡、電動豪華車和許多不同的電動休旅車和電動巴士在推廣與銷售，在未來幾年或許還是燃油車在主導，但能源短缺與全球暖化的情況日益嚴重，各國政府也提出許多有益於電動車發展的政策，相信2030年後必將會是電動車的時代。

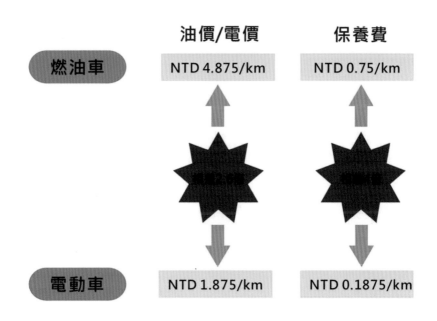

圖 7.1.1　燃油車電動車比較

7.2 充電站會取代加油站嗎

　　各國想推行電動車取代燃油車就必須增設更多充電站，與可以在幾分鐘內為柴油和汽油車輛加滿油的燃油泵不同，大多數充電站需要半小時或甚至幾個小時才能為電動車電池充滿電，這對電動車車主來說仍然是一個限制，但電動車在逐漸取代燃油車是不爭的事實。

　　在英國提出了將加油站改造成電動車充電站的概念，用9個充電器升級了1個加油站，每個充電器的額定功率為175千瓦（kW），能夠在10分鐘內將電池充電至80％的容量，電動車站的設計在兩排頂篷下，車輛可以像進入停車位一樣進入站內，電動汽車充電區內有安裝帶太陽能電池板的天篷，使可用空間更加高效，直流快速充電器的功耗很高，通常每台超過50千瓦，絕大多數的電力還是直接來自電網，但是太陽能板可以幫助抵消充電站中較小負載的消耗，例如直流充電器周圍和周圍商店內使用的電力等。還需要一段時間才能看到10％的加油站配備1、2個充電器，根據地點的不同，預計在一些交通繁忙的地區出現完全轉換的商業案例會需要很長的一段時間。

　　若美國希望在2030年實現50％零排放汽車銷量的目標，預計美國需要100萬座公共電動汽車充電器和2800萬個私人電動汽車充電器，但美國目前只有約43,000座公共充電站，美國總統計劃以75億美元的資金來建造500,000座新的公共充電站，單個直流快速充電器的成本在50,000美元到100,000美元間，75億美元完全有辦

法能負荷這項計畫。

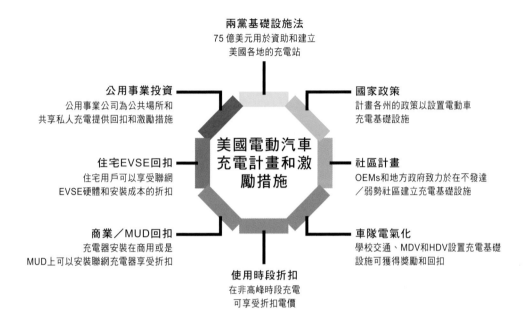

兩黨基礎設施法
75億美元用於資助和建立
美國各地的充電站

公用事業投資
公用事業公司為公共場所和
共享私人充電提供回扣和激勵措施

國家政策
計畫各州的政策以設置電動車
充電基礎設施

美國電動汽車
充電計畫和激
勵措施

住宅EVSE回扣
住宅用戶可以享受聯網
EVSE硬體和安裝成本的折扣

社區計畫
OEMs和地方政府致力於在不發達
／弱勢社區建立充電基礎設施

商業／MUD回扣
充電器安裝在商用或是
MUD上可以安裝聯網充電器享受折扣

車隊電氣化
學校交通、MDV和HDV設置充電基礎
設施可獲得獎勵和回扣

使用時段折扣
在非高峰時段充電
可享受折扣電價

圖7.2.1 美國建設充電站計畫

7.3 充電站電力哪裡來

　　在未來兩年內就會有超過250款新車型的純電動汽車和插電式混合動力汽車推出，到2030年，全球就會有多達1.3億輛電動汽車上路，估計必須投資1100億至1800億美元在充電站上才能滿足所有電動車充電的需求，但隨著充電站的增設，電力能源真的有辦法負荷嗎？而充電站的電力又是從哪來呢？

　　最常見的充電站電源是天然氣，40％的電力由天然氣產生，其原因是便宜、豐富且易於獲取，其中19％由煤炭產生。電動車依賴當地電網的定期充電，提供能源的發電廠並非零碳排放，美國約1/3的電力來自燃煤發電，而全球電力有40％以上來自燃煤發電。電力的需求會影響電力生產、傳輸和分配能力等問題，所以必須要避免供不應求的問題。在夜間生產的電力主要來自天然氣、水力發電和核能，白天產生的電力可從太陽能供電，但能儲存的量非常有限，幾乎沒有能力供日後使用，但太陽能是不可省略的乾淨能源。事實上，太陽能僅占電網所用能源的2％，大部分的可再生能源來自風能8％和水力7％，20％的電網電力來自核能。

　　電動車的興起代表著對電力需求日益增長，會對電網增加電力負擔和其他負面影響，儘管這些負載不太可能對現有的發電資源造成很大壓力，但集中地點的電動車充電高峰同時出現，可能會使附近的配電設備不堪重負，所以先進的電網規劃、解決方案和智能充電管理對於確保現有電力基礎設施運行非常重要。

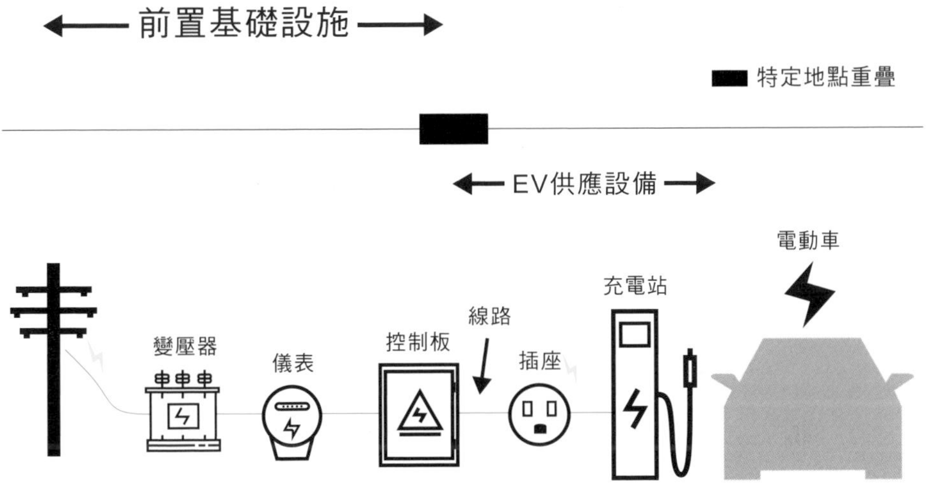

圖7.3.1　電從哪裡來

7.4 機器人幫車子充電

　　福斯（Volkswagen）提出了一個全新且富有遠見的充電概念，透過移動機器人來為電動車充電，該原型由一個自動駕駛機器人以及電池車組成，該機器人配備攝像頭、激光掃描儀和超聲波傳感器可以自主駕駛。透過應用程序與通信啟動後，移動機器人會自行移動到需要充電的車輛並與其進行訊號通訊，從打開充電插座蓋到連接插頭再到斷開連接，整個充電過程無需任何人為干涉，且能在多層停車場、停車位和地下停車場等不同停車設施進行充電。

　　充滿電後一個充電機器人可以同時移動多個電瓶車。透過其對應的應用程序調用時，它將儲能設備帶到電動汽車上並自動連接它們。憑藉其集成的充電電子設備，儲能設備允許在車輛上以高達50千瓦的功率進行直流快速充電。根據停車場或地下停車場的大小，可以同時使用多個充電機器人以便照顧更多輛車。

　　對於這項技術，福特表示可以讓身障司機、行動不便的人和老年人在充電過程不會遇到任何困難，或者駕駛人也可以在機器人完成所有工作時離開汽車保障車輛安全，能安裝在殘疾人停車位、停車場的指定區域，甚至私人住宅中，但這項新興的充電技術還處在開發階段，還有許多測試環節需要克服。

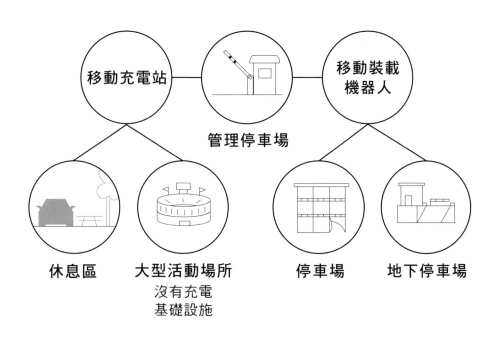

圖7.4.1　機器人充電站

7.5 電動車的行動電源

　　相信現在大家都人手一支手機吧，當手機快沒電的時候，是不是會從你的包包裡拿出行動電源充電呢？那你有沒有想過當電動車開到快沒電的時候，能從後車廂拿出行動電源為它充電呢？

　　在英國的一間新創公司 ZipCharge 開發了名為「Go」的電動車行動電源充電器，非常適合擔心電動車長途里程數問題、以及旅途附近或居家附近無充電站的人。便攜式充電器增加了靈活性和便利性，它就像一個小手提箱約50磅重，可以簡單地放在後車廂並在任何地方為電動汽車充電，透過電網為 Go 充電比使用公共充電站為電動車充電更便宜。外殼由塑料和鋁製成來保護裝置主要系統，內部是高能量密度的鋰鎳錳鈷氧化物電池，普通的家用插座都可以為 Go 充電，雖然目前的容量儲存不多，但可以為車輛充電7.2千瓦，更大的版本很快就會推出，能提供高達8kWh容量，在充電半小時內可增加約30至60公里的續航里程。內部系統的通信規模支持無線更新、智能充電和遠程診斷，集成第四代行動通訊技術（4G）移動連接，允許用戶透過應用程序遠程管理移動電源。現在已準備好進行實際試驗，並有望進入批量生產，在2023年第二季度向客戶交付第一批產品。

　　另一家名為 SparkCharge 的公司也開發了一種名為 Roadie 的便攜式電動車充電系統，其充電功率足以每分鐘提供大約1英里的行駛里程，它還可以堆疊至多5個充電模塊提供17.5kWh的可用功率，提供60到75英里的行駛里程。總體而言，無線充電市場預計

將以每年30％的速度成長，到2025年，將達到270億美元，這是一個新興的產業，也是最終能讓電動車被世界接納的重大關鍵。

	重量	電池容量	充電效率	特色
ZipCharge	22.5kg	4kwh	1.5km／min	方便攜帶，約一個登機箱大小。
SparkCharge	23kg／32.8kg	3.7kwh／3.5kwh	1.6km／min	可以堆疊電池模塊增加存儲，最大輸出功率可達20KW。

表7.5.1　電池比較

7.6 電動車的無線充電技術

　　手機的無線充電使得充電過程變得更簡單且充電效率跟有線充電相當，當然，電動車也需要研發無線充電站與技術。

　　同樣地，該技術使電動車在充電時不再需要電纜，進一步提高了在家中或工作中充電的便利性。充電時無需充電線，只需將車輛停在預定位置即可充電，透過高級泊車輔助系統與電動車無線充電系統相連接，根據停車位置來改變充電效率。電動車底部有一個無線接收器，該接收器能與位於路面下方的充電線圈連接，以便將電力傳輸到電動車，當電力通過安裝在停車場地面上的初級線圈時，車輛中的車輛接收器單元中的次級線圈重疊產生電壓，從第一個線圈向第二個線圈供電，維持80～90％的充電效率，與有線充電相當，但安裝線圈的成本非常高。第一批配備出廠無線充電系統的電動汽車開始出現，美國的捷尼賽斯（Genesis）公司是一款相當先進的電動車廠，其開發的電動車GV60能在韓國使用無線充電技術，且該公司表示，大部分無線充電只適用於家庭車庫和車棚，而不是公共基礎設施。

　　從技術上來說，當然都是需要再提升，隨著功率傳輸速率的提高，電子設備的複雜性和尺寸也必須增加，需要考慮的因素也會增加，例如熱損失和熱管理。大家都在追求電動車更快地充電，其所需的高電壓和高功率無疑會給無線充電系統的安全性和成本帶來額外的挑戰，因此技術、安全、成本和環境挑戰要嚴峻得多。

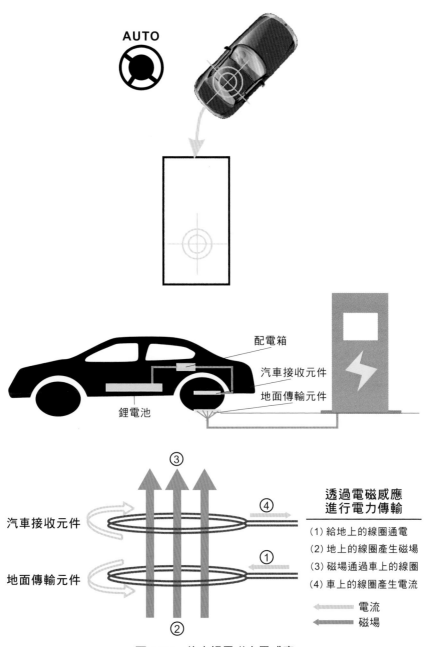

7.7 新勢力的崛起

　　以現今電動車銷售數量來說，特斯拉還是領先其他車廠，但隨著電動車的選擇及競爭對手愈來愈多，未來幾年沒人敢保證特斯拉還會是電動車龍頭，而中國是現今最大的電動車市場，五菱的宏光MINI就占據了中國電動車市場份額的13％，比亞迪是最大的競爭者，在中國市場占據主導地位，近年來開始向海外進軍引發關注。

　　中國不管在電池技術或是電動車製造上已經領先世界上的任何一個國家，寧德時代的電池、比亞迪的電動車，亦或是上汽的三電技術能自成一條產業鏈，2022年中國購買的所有新車中，有1/4是純電動汽車或插電式混合動力車，中國已經是最大的電動車市場，也是成長最快的市場之一，預計今年的銷量將達到600萬輛。全球最暢銷的10大電動汽車品牌中，有一半是中國品牌，以比亞迪為首且全球市場份額僅次於特斯拉，並計劃開始將其電動車運往海外拓展市場，不僅僅是汽車銷售，中國電池製造商寧德時代也是在電動車興起風潮中的大贏家。

　　要說電動車發展最快的國家，非印度莫屬，全球第三大汽車市場印度在電動車的發展相當快速，2021年電動車的銷量突破33萬輛，占總汽車銷售量的1.1％，比2020年成長170％，目前該國有1743座充電站，預計到2027年會增設至1萬座以滿足140萬輛電動車的需求。印度最大電動車商 Tata Motors 僅擁有兩款電動汽車車型 Nexon EV 和 Tigor EV，就占據印度電動車市場的90％份額。其價格迎合大眾市場，最便宜僅需85萬盧比，相當於35萬台幣，該公司

不僅專注於印度的乘用車和電動巴士市場，還包括轎車、多功能車、公共汽車、卡車和國防車輛的製造，在本地、英國、義大利和韓國都設有研發中心，該公司預計在2026年推出10種電動車款，未來十年內也會是印度電動車的代言人。

最暢銷的電動車

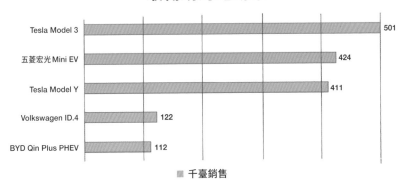

圖 7.7.1　2021年最暢銷的 5 款電動車

（圖片來源：https://cleantechnica.com/2021/electric-vehicle）

未來電動車銷售數量預測

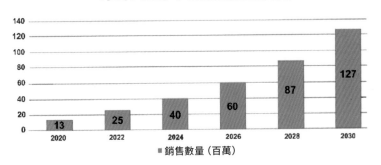

圖 7.7.2　未來電動車銷售數量預測

（圖片來源：https://tridenstechnology.com/electric-car-sales）

7.8 抵制中國擴張

　　從21世紀開始，中國的崛起是全球有目共睹的事情，其崛起的主要政策是以低成本的勞動力吸引大量國外廠商進來投資與設廠，再加上不斷成長的國內市場和技術以及龐大的人口，使中國成為世界工廠。中國的企業包含寧德時代、比亞迪等大廠在2021年全球電動車電池市占率高達驚人的45％，在電動車銷售也超過了三菱、雷諾和日產等大廠，在中國銷售最亮眼的是比亞迪，市占率來到全球第三位，最讓各國害怕的是中國可以從無到有全靠自己的技術生產出一台電動車，使它不需仰賴其他國家就能自己控制電動車的價格，顯示中國是現今電動車市場影響力最大的國家，美國開始拉攏其他國家提出抵制中國的政策。

　　要實現自給自足的供應鏈，與中國競爭的國家預估需要花費782億美元在電池上、花費604億美元在組件上，和花費135億美元在材料的開採上。2030年，美國和歐洲可能會通過超過1600億美元的資本來減少對中國電動車電池的依賴，投資對象可能為韓國集團LG和SK海力士，分析師認為以現在LG和SK海力士的發展，在未來3到5年內就能跳脫中國電池且也不會面臨短缺的問題。英國《金融時報》稱韓國電池製造商在美國的市場份額將從2021年的11％在3年內飆升至50％左右。

　　但也不是所有國家都打算與美國一起抵制中國，荷蘭的ASML是半導體設備商數一數二的大廠，其表示在向中國銷售芯片設備方面他們將捍衛自己的經濟利益，並不打算順從美國的政策。

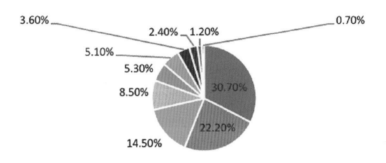

2021 全球電動車電池市占率

- CATL 寧德時代 87.8 GWh
- LG Energy Solution 63.5 GWh
- Panasonic 41.4 GWh
- BYD 24.2 GWh
- Samsung SDI 15.1 GWh
- SK Innovation 14.6 GWh
- CALB 中航鋰電 10.3 GWh
- Guoxuan 國軒高科 6.8 GWh
- AESC 遠景動力 3.5 GWh
- Farasis Energy 孚能科技 2.1 GWh

圖 7.8.1　電動車電池市場

（圖片來源：https://electrek.co/2022/02/08/catl-continues）

7.9 固態電池能取代鋰電池嗎？

固態電池是一種使用固體電極和固體電解質的電池，與鋰離子電池相比，它們提供更遠的續航里程、更短的充電時間和更低的火災風險，與鋰電池相比，固態電池使用的電解液是固體，能解決液態電池的安全問題和能量密度兩大缺點，但是幾十年來研究人員一直未能開發可以在電動車中使用多年的固態電池設計。

為何大家如此執著於固態電池呢？因為固態電池可以大幅減輕電動車驅動系統的重量，由於其不含液體，因此可以大大降低自燃的風險，溫控元件的重量與成本將大大減少，能量密度也能得到很大的提升，使電動車續航提升至800公里至1000公里，現代電動車的鋰電池通常可持續2,000到3,000次循環才會出現明顯退化，而固態電池可以接近10,000次循環才有退化跡象。

一家總部位於美國科羅拉多州的電池公司 Solid Power，表示已開始嘗試生產一種創新的固態電池，可望以更低的成本為電動車車主提供更長的續航里程和更短的充電時間，獲得了寶馬和福特汽車的支持與投資，該公司預計在 2022 年底前開始向汽車合作夥伴寶馬和福特進行固態電池測試，如果一切順利，就能在 2024 年上半年簽署 Solid Power 的合約並開始生產。日產、雷諾和三菱已宣布投資 230 億歐元在固態電池的開發上，並計劃在 2029 年之前實現固態電池的大規模生產製造。

電動汽車製造商：
誰會贏得電動汽車固態電池的競賽

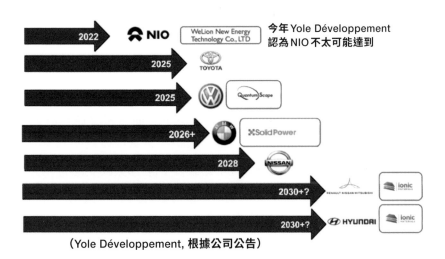

（Yole Développement, 根據公司公告）

圖 7.9.1 固態電池競賽

（圖片來源：Solid-State Battery 2021, Yole Développement）

7.10 氫能源的發展

　　2022年5月，歐盟委員會完成了名為REPowerEU的歐洲氫戰略實施，此被視為歐洲將可再生氫作為重要能源以擺脫俄羅斯化石燃料進口的決心。歐盟在計畫裡主要提及加速氫設施的建造，其目的在擴大可再生氫的部署，有助於加速歐盟的能源轉型和脫離碳排放系統，擴大氫基礎設施的發展和支持氫投資也是歐盟支持的關鍵領域。REPowerEU計畫的目標是到2030年能在歐盟生產1000萬噸和進口1000萬噸可再生氫。在氫加速器措施中，歐盟提議建立一個全球性的歐洲氫設施，為歐洲和全球的可再生氫生產創造、投資安全和商業機會建立一個完整的系統，以吸引更多投資夥伴並促進從第三國進口可再生氫，並有助於激勵脫碳，在確保歐盟國家和公司建立的對等夥伴關係的同時，提供一個公平的競爭環境。

　　Kaizen Clean Energy公司宣布與PowerCell和ZincFive這兩間公司合作建立生產氫氣和發電機設計主要提供需要電力和氫氣的地區，Kaizen公司設計的發電機，專門設計為電動車、燃料電池車充電或提供備用發電，發電機每天可生產多達2,300公斤的氫氣，這三家公司計劃在2026年底，在1500多個電動車充電站使用氫氣。另外，BayoTech和Loop Energy這兩間公司正在合作建造及供應遠程純電動車（BEV）氫氣充電站，除了提供充電外，還能提供為燃料電池車分配氫氣的功能。透過使用氫氣為充電站提供燃料，還可以減輕電網的負荷容量，其發展的潛力將在整體能源轉型中發揮重要作用。

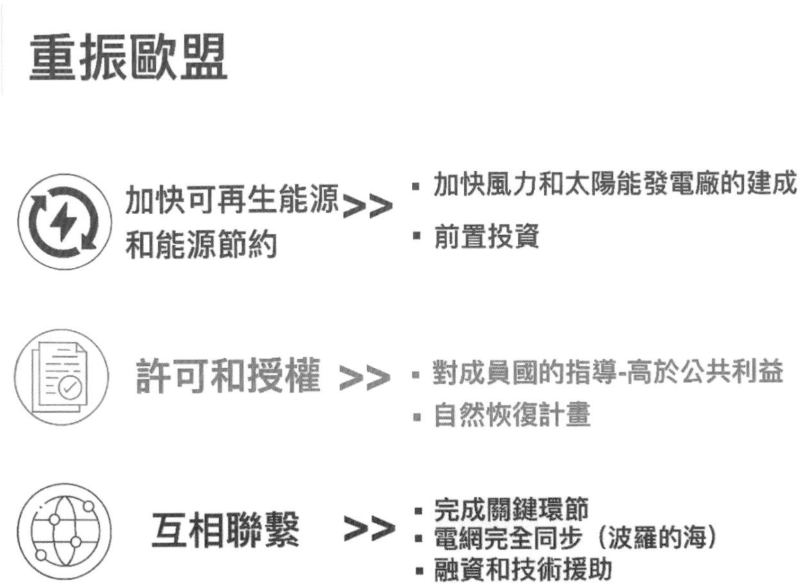

重振歐盟

 加快可再生能源 >> ▪ 加快風力和太陽能發電廠的建成
和能源節約 ▪ 前置投資

 許可和授權 >> ▪ 對成員國的指導-高於公共利益
▪ 自然恢復計畫

 互相聯繫 >> ▪ 完成關鍵環節
▪ 電網完全同步（波羅的海）
▪ 融資和技術援助

圖7.10.1　重振歐盟

（圖片來源：https://twitter.com/EU_Commission/status）

7.11 電動飛機的興起

　　歐洲一些國家正在推動電池動力的電動飛機，尤其是挪威，該國曾表示，到2040年所有短途航班都將由電動飛機執行，挪威的納維亞航空公司發布會在短短6年內在該地區推出新型電動飛機ES-30，該電動飛機目前能提供200公里的純電續航，由4台電機傳輸動力，目標在2040年的純電續航能達到400公里，實現空中零碳排放。

　　在美國一架電池動力飛機艾莉絲（Alice）於華盛頓州成功完成首次試飛，此架電池動力飛機是小型電池供電的電動飛機，專為長達250英里的飛行距離而設計，一次能承載多達8名乘客，但電池重量還是占據了很大一部分。隨著飛機變得更大或飛行距離拉長，需要更多更輕且能量密度更大的電池，該公司現在的目標是開發一種可以在35分鐘內為1到2小時短途旅行充電的電池，電池模塊將配備直流快速充電系統，能夠在20分鐘內為電池提供80%的電力，且隨著電池技術的發展，總飛行時間預計可達90分鐘與傳統燃油飛機相比，運營成本預計最多可降低40%。

　　世界上第一架獲得認證的電動飛機是 Velis Electro，和燃油飛機相比，其最大的優勢在噪音水平僅為60分貝，且不會產生燃燒氣體。其動力總成和電池完全採用液體冷卻，在認證過程中都做過安全性測試，包括承受故障、電池熱失控事件和碰撞負載的能力，可以在寒冷、炎熱和雨中正常運行。傳動系統零件數量的減少，大幅降低了維護成本，其內置有連續健康監測系統使得故障風險進一

步降至最低。

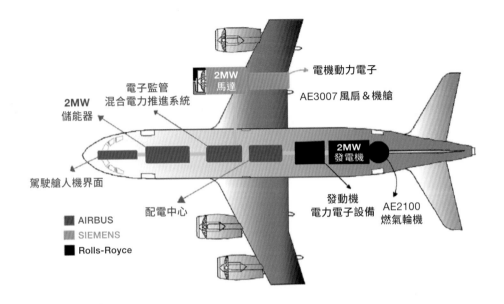

圖7.11.1　電動飛機

（圖片來源：https://www.greencarcongress.com）

7.12 即將到來的 6G 時代

如今第五代行動通訊技術（5G）的時代非常重視高傳輸、低時延和超大連接，與過去的3G、4G時代相比，5G網絡將同時出現應用多樣化、網絡需求差異巨大的局面。因此，5G必須針對不同的解決方案有相應的應用，智能工廠結合數位化和人工智慧、邊緣計算、無人機、機器學習等技術，具有超高彈性，適應不斷變化的生產需求。5G的低延遲和使用邊緣計算，可望使5G網絡製造自動化實現智能工廠概念，5G的最初願景是提高網絡規模、可靠性和性能，使企業能夠以新的方式使用移動網絡。

現今5G生產系統才剛開始穩定並運用於增強物聯網的能力時，業界已經在與研究機構和政府合作以加速第六代行動通訊技術（6G）的演進。各個地區和國家的現任無線技術領導者已經開始實施政府補貼的6G計畫。在美國提交了一項史無前例的法案，要求成立6G工作組以全職研究6G技術的設計和部署，試圖開發領先全球的6G技術在未來引領全球。在連接6G車輛物聯網設備和通訊計算的需求，將導致未來車聯網能源成本飆升的情形，基礎設施的電費將帶來能源車聯網系統的負擔，使開發更具挑戰性。此外，對質量的嚴格要求和複雜的智能決策算法基於大數據分析和人工智能的6G車聯網應用將導致巨大的能源消耗和挑戰提高能源效率等問題，這些都是車聯網技術升級的必經過程。

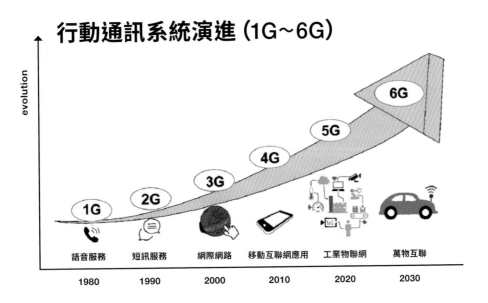

圖7.12.1　行動通訊系統演進

（圖片來源：https://www.semanticscholar.org/paper）

7.13 未來生活型態

　　一份新報告預測，到了2030年，絕大多數的消費者將不再擁有汽車，而是由擁有電動車的車隊根據消費者的需求來提供服務，可以視為其他產品或公司贊助的一部分，這項服務可能是消費者購買相關產品隨之附贈的服務。這種令人驚嘆的改變，將克服當前對個人擁有汽車的渴望，首先是大城市，再向郊區和偏遠地區蔓延。這種破壞將對運輸和石油產業產生巨大影響，摧毀其價值鏈的整個部分，導致石油需求和價格暴跌，並摧毀數萬億美元的投資者價值，更不用說二手車的價值了，於此同時，它將創造數萬億美元的新商機和各類產業鏈的推動。

　　電動車界首席顧問托尼・塞巴（Tony Seba），他早期對太陽能大量吸收的預測被認為是瘋狂的，不過後來被證明是對的，此後他又表示，到2030年，新技術將使煤炭、石油和天然氣不再重要，甚至多餘。他警告說，你現在買的車很可能是你的最後一輛。他並沒有說個人汽車所有權將完全消失，他表示，到2030年40%的汽車仍為私人所有，但僅占行駛公里數的5%。自動駕駛汽車的使用量將是內燃機汽車的10倍，它們的使用壽命將更長，可能達到100萬英里（160萬公里），到2030年，節省的費用將為美國人口袋注入額外的1萬億美元。

　　隨著時間的推演與科技的迅速發展，車輛的成本會變得更便宜，維護成本也將顯著降低，由於電動車的動力系統中有20個活動部件，而燃油車有2000個，且電動車行駛的里程數明顯增加，

到2030年，他的行駛里程將達到160萬公里，為燃油車的5倍多。此外，電池技術將得到改進，只需更換一次，舊電池將能夠在其他地方（電網中）使用。維護成本將是現在汽車成本的1/5，財務成本的1/10，保險成本也是1/10。

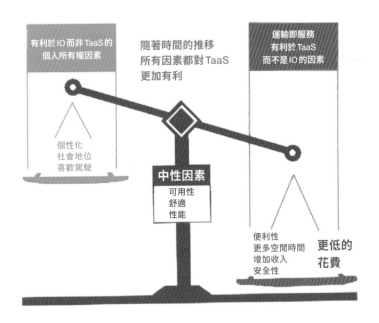

圖7.13.1　影響消費者選擇的因素

>>隨著時間的推移，燃油車和電動車的成本

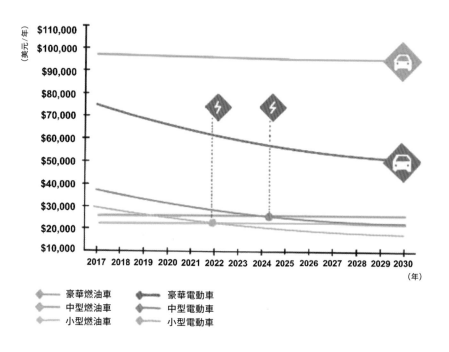

圖 7.13.2　未來燃油車和電動車趨勢

（圖片來源：https://www.thecarconnection.com/news）

國家圖書館出版品預行編目（CIP）資料

電動車全攻略：電動車原理與運作是什麼？人類真的可
以擺脫燃油車嗎？無人駕駛會成真嗎？／曾逸敦著.
-- 初版 . -- 臺中市：晨星出版有限公司，2023.09
面； 公分 . -- （知的！；218）

ISBN 978-626-320-545-1（平裝）

1.CST: 電動車　2.CST: 產業發展

447.21　　　　　　　　　　　　　　　　112010861

知
的
！
218

電動車全攻略

電動車原理與運作是什麼？人類真的可以
擺脫燃油車嗎？無人駕駛會成真嗎？

填回函，送 Ecoupon

作者	曾逸敦
編輯	吳雨書
校對	曾逸敦、吳雨書
封面設計	ivy_design
美術設計	黃偵瑜
創辦人	陳銘民
發行所	晨星出版有限公司
	407 台中市西屯區工業 30 路 1 號 1 樓
	TEL：（04）23595820　FAX：（04）23550581
	E-mail:service@morningstar.com.tw
	http://www.morningstar.com.tw
	行政院新聞局局版台業字第 2500 號
法律顧問	陳思成律師
初版	西元 2023 年 09 月 15 日　初版 1 刷
讀者服務專線	TEL：（02）23672044 /（04）23595819#212
讀者傳真專線	FAX：（02）23635741 /（04）23595493
讀者專用信箱	service@morningstar.com.tw
網路書店	http://www.morningstar.com.tw
郵政劃撥	15060393（知己圖書股份有限公司）
印刷	上好印刷股份有限公司

定價 380 元

ISBN 978-626-320-545-1

Published by Morning Star Publishing Inc.
Printed in Taiwan